湖北省社会科学基金项目
"中国政府网站服务体系重构研究"（2015131）研究成果

中国政府网站服务体系重构研究

陈美　著

中国水利水电出版社
www.waterpub.com.cn

·北　京·

内 容 提 要

本书以政府职能理论、客户关系管理理论、新公共服务理论为基础，运用文献调研、案例分析、比较分析、专家访谈、思辨与实证相结合的方法，提出了政府网站服务体系重构框架，分别从政府网站服务需求分析改进、政府网站服务内容重组、政府网站服务主体变革、政府网站服务渠道拓宽四个方面对政府网站服务体系重构框架进行展开阐述。

本书适合各级政务部门信息化分管领导、信息系统研发人员、电子政务从业人员、高校相关专业师生阅读。

图书在版编目（CIP）数据

中国政府网站服务体系重构研究 / 陈美著. -- 北京：
中国水利水电出版社，2018.4（2022.9重印）
ISBN 978-7-5170-6405-3

Ⅰ. ①中… Ⅱ. ①陈… Ⅲ. ①国家行政机关－互联网
络－网站－网络服务－研究－中国 Ⅳ. ①TP393.409.2

中国版本图书馆CIP数据核字(2018)第074418号

书　　名	中国政府网站服务体系重构研究
	ZHONGGUO ZHENGFU WANGZHAN FUWU TIXI CHONGGOU YANJIU
作　　者	陈美　著
出版发行	中国水利水电出版社
	（北京市海淀区玉渊潭南路 1 号 D 座　100038）
	网址：www.waterpub.com.cn
	E-mail：sales@waterpub.com.cn
	电话：（010）68367658（营销中心）
经　　售	北京科水图书销售中心（零售）
	电话：（010）88383994、63202643、68545874
	全国各地新华书店和相关出版物销售网点
排　　版	北京智博尚书文化传媒有限公司
印　　刷	天津光之彩印刷有限公司
规　　格	170mm×240mm　16 开本　14.5 印张　225 千字
版　　次	2018 年 4 月第 1 版　2022 年 9 月第 2 次印刷
印　　数	2001—3001 册
定　　价	69.00 元

前　　言

　　政府网站是电子政务建设的一个重要组成部分，也是各级政府向社会公众提供公共服务的窗口。从 1999 年中国政府上网年到现在，中国政府网站从无到有、从小到大，取得了较大成就，而这一发展过程与政府改革有重要关系。与我国行政改革的需求相似，我国政府网站还需进行改革与完善。在此背景下，我国政府网站发展也呈现出一些问题，即政府网站公共服务定位模糊以及政府网站公共服务公民接受度和满意度偏低。究其原因在于：第一，缺乏以公共服务为主旨的政府网站顶层设计。尽管有大量针对电子政务设计的指导框架，但这些研究的对象多为普适意义的框架（如电子政务互操作框架、电子政务顶层设计）或特定理论下的架构（如基于信息构建理论从组织系统、导航系统、标识系统、搜索系统探讨政府网站构建），但它们并没有针对政府网站公共服务提出的整体规则，导致政府缺乏一套针对政府网站提供公共服务的框架，因而各个政府在进行网站公共服务定位时无据可循。第二，缺乏对用户服务需求的了解。在当前的大数据环境下，政府很难了解广大网民的真实服务需求，往往基于自身业务来提供政府网站服务，从而导致"提供的服务不需要，需要的服务找不到"的局面。因此，如何重构政府网站服务体系，更好地满足用户不断增长的服务需求，成为政府需要认真研究并积极推进的一项重要工作。

　　本书以"中国政府网站服务体系重构研究"为研究主题，以政府职能理论、客户关系管理理论、新公共服务理论为基础，运用文献调研、案例分析、比较分析、专家访谈、思辨与实证相结合的方法，提出了政府网站服务体系重构框架，分别从政府网站服务需求分析改进、政府网站服务内容重组、政府网站服务主体变革、政府网站服务渠道拓宽四个方面对政府网站服务体系重构框架进行阐述。

　　笔者借助于参与国家信息中心和国务院办公厅政府信息公开办公室的一些

政府网站改版以及顶层设计的课题，与政府网站设计的资深专家进行交流，不仅能弥补纯理论研究的缺陷，而且对本书写作具有极大的启发作用。笔者在写作本书的过程中重视吸收和借鉴已有的研究成果，并力求在理论上有所创新。具体而言，突出的特点和创新之处包括几个方面：一是构建了我国政府网站服务体系重构框架，并在此基础上提出优化建议；二是论证了政府网站服务内容的要素，并提出政府网站服务内容重组路径；三是提出了政府网站服务主体变革策略。

陈　美

2018 年 1 月

目　　录

导　　论

0.1　研究背景与意义

0.1.1　研究背景

电子政务是 20 世纪 90 年代首先在欧美兴起并很快在世界各国普及的一种全新政府管理模式，是适应信息时代和知识经济发展要求而产生的现代化政务运行方式。政府网站是电子政务建设的一个重要组成部分，也是各级政府向社会公众提供公共服务的窗口。1999 年 1 月 22 日，由中国电信和国家经济贸易委员会经济信息中心牵头、联合 40 多家部委（办、局）信息主管部门在北京召开"政府上网工程启动大会"，开通政府上网工程主网站 www.gov.cn，成为我国政府上网的服务中心，揭开了 1999 年"政府上网年"的第一幕[①]。2006 年 1 月 1 日，中央人民政府门户网站正式开通，初步形成了以中央政府门户网站为龙头，各地区、各部门政府网站为支撑的全国政府网站体系；同年，国家信息化领导小组在北京召开"全国电子政务工作座谈会"，提出了到 2010 年，政府门户网站成为政府信息公开的重要渠道，50%以上的行政许可项目能够实现在线处理[②]。进入新世纪，特别是 2007 年《中华人民共和国政府信息公开条例》颁布施行以来，我国政府网站发展得到各级政府高度重视，经历了网站服务内容从少到多的快速发展期，取得了辉煌成绩[③]。据统计，截至 2014 年 12 月，中

[①] 转引自：汪徽志，岳泉. 国内省级政府网站信息构建状况分析[J]. 情报科学，2006(8)：1188-1193. 新华网. 新闻背景：政府上网工程大事回顾[EB/OL]. [2014-06-30]. http://news.xinhuanet.com/newscenter/200302/24/content_741590.htm.

[②] 国家信息化领导小组. 国家电子政务总体框架[EB/OL].[2014-06-30]. http://www.shuicheng.gov.cn/art/2012/3/6/art_22307_464872.html.

[③] 国家信息中心网络政府研究中心课题组. 中国政府网改版的理念与实践[J]. 电子政务，2014(3)：2-7.

国.CN 域名总数为 1 109 万个，其中全国以 gov.cn 结尾的政府网站达到 57 024 家，占 CN 域名总数的 0.5%[①]。以中国政府网为总窗口，覆盖省、市、县各级政府部门的全国政府网站服务已经形成，网站服务内容不断丰富[②]。从 1999 年中国政府上网年到现在的 19 年时间，中国政府网站从无到有、从小到大，取得了较大成就，而这一发展过程与政府改革有着重要关系。

从行政生态学的角度来审视，行政生态环境对行政管理有着重大的影响。所谓行政生态环境，是指处于特定行政系统边界之外，能够对该系统的存在、运行与发展产生直接或间接影响的各种实体、情势与事件的总和[③]。因此，政府网站所出现的演变和进展必须放在所处的行政生态环境中进行考虑。一方面，我国正在进行行政改革。十八届三中全会在提到转变政府职能以及行政改革时，明确提出要把简政放权、改革行政审批作为整个改革的突破口和抓手。2002 年国务院有 4 300 多项行政审批事项，而经过十年的六次改革，其中绝大多数都已下放。2013 年 3 月 17 日李克强总理在"两会"中公开承诺本届政府在国务院各部门 1 700 多项行政审批事项中三分之一以上都将会得到下放。2014 年 8 月 19 日，李克强总理主持召开国务院常务会议，决定推出进一步简政放权新措施，再取消下放 87 项审批事项，持续扩大改革成效[④]；2014 年 9 月 10 日，在国新办新闻发布会上，国务院行政审批制度改革工作领导小组办公室新闻发言人李章泽表示，新一届政府成立以来，先后取消和下放 7 批共 632 项行政审批等事项，今年将再取消和下放 200 项以上行政审批事项[⑤]。这一改革需要政府信息化的支持，尤其是强化政府网站的服务功能。另一方面，党中

---

① 中国互联网络信息中心. 第 35 次中国互联网络发展状况统计报告（2014 年 12 月）[R/OL]. [2014-02-07]. http://www.cnnic.net.cn/hlwfzyj/hlwxzbg/hlwtjbg/201502/P0201502035488526-31921.pdf.

② 国家信息中心网络政府研究中心课题组. 中国政府网改版的理念与实践[J]. 电子政务，2014(3): 2-7.

③ 张磊. 德国行政生态环境发展状况及其对中国的启示[J]. 中国集体经济，2014(16): 126-128.

④ 中国政府网. 李克强：简政放权要啃"硬骨头"[EB/OL].[2014-08-22]. http://www.gov.cn/xinwen/2014-08/20/content_2737652.htm.

⑤ 熊丽，张伟. 简政放权仍将持续深入推进[N]. 经济日报，2014-09-11(001).

央和国务院领导同志对国家信息化工作高度重视。2014 年 2 月，中央网络安全和信息化领导小组成立，由中共中央总书记、国家主席、中央军委主席习近平亲自担任领导小组组长。在中央网络安全和信息化领导小组的第一次会议上，习近平深刻指出，"没有网络安全就没有国家安全，没有信息化就没有现代化"[①]。经过 2008 年国务院机构改革之后，原来的国务院信息化工作办公室被撤销，将其职能并入工信部，但很难让一个部委来协调整体的国家信息化工作，而此次新成立的中央网络安全和信息化领导小组，则是从更高层面强化了之前国家信息化领导小组的工作。作为国家信息化的重要载体，以中国政府网为代表的政府网站建设面临了新机遇。

为支持我国的行政改革以及加强公共服务，我国政府网站需进行改革与完善。自 2002 年以来，联合国经济与公共管理局就发布以联合国成员国为测评对象的电子政务测评报告，旨在引导全球电子政务发展[②]。2014 年 6 月 25 日，联合国经济与公共管理局发布题为"2014 年联合国电子政务调查报告：面向未来的电子政务"[③]的报告，该报告对成员国的电子政务进行了评估，其评估指标包括三个方面：在线服务的范围和质量、电信基础设施的发展状况、人力资源开发，在线服务指标主要测量国家网站的技术特征以及国家在服务供给方面所采取的电子政务政策和战略。通过对中国历年电子政务排名（见图 0-1）进行梳理，可以看出，2005 年时候我国电子政务排名达到最高，尽管 2014 年相对 2012 年而言上升 8 个名次，但 2005 年至 2014 年期间总体处于下滑的趋势。这其中的部分原因就是，尽管我国政府也在不断推动网站建设，但中国政府网站的服务水平相对于欧美发达国家进步较慢。我国政府网站在最近十年里面的建设虽然取得了较大进步，但是与公众的要求相比、与电子政务总体发展相比、与其他国家相比，依然存在一定差距。

[①] 余飞. 网络安全治理频出重拳[N]. 法制日报，2015-01-08(004).

[②] 于施洋，杨道玲. 对电子政务绩效评估的再认识：国际视角[J]. 电子政务，2007(7)：7-14.

[③] United Nations Department of Economic and Social Affairs.E-Government Survey 2014: E-Government for the Future We Want[EB/OL].[2014-07-11]. http://unpan3.un.org/egovkb/ Portals/egovkb/Documents/un/2014-Survey/E-Gov_Complete_Survey-2014.pdf.

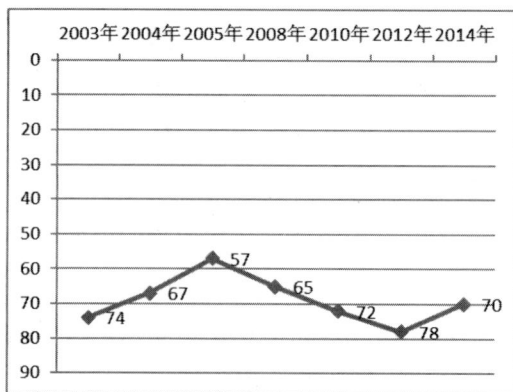

图 0-1   历年联合国电子政务排名中中国排名情况[①]

这主要体现在如下两个方面：

（1）从政府网站服务供给的角度来看，我国少数政府网站服务定位较为模糊，服务功能定位混乱。例如，一些城市政府门户网站越来越像一张"报纸"，充满海量转载的社会性和娱乐性新闻；更多的政府门户网站则成了政府机构的"宣传栏"，主要围绕政府机构和当地社会进行宣传；还有大量的政府门户网站至今没有确定服务对象的分类[②]。中国软件评测中心于 2011 年 12 月发布的报告显示，79.45%的部委网站、87.5%的省级网站、91.5%的地市网站、92.44%的区县网站都存在信息和服务失效等问题[③]。在 2014 年 12 月发布的中国政府网站绩效评估报告中显示，当前多数服务内容比较原则、共性，实用性普遍不强[④]。

（2）从政府网站服务对象接受的角度来看，我国政府网站公众满意度不高。由中国软件评测中心、人民网和腾讯网联合开展的"2010 年中国政府网站

[①] 根据联合国发布的历年电子政务调查报告整理而成。

[②] 刘渊，易凌志．政府门户网站信息服务与用户价值感知——以"中国浙江"政府门户网站及其用户服务为例[J]．情报学报，2009(3)：431-436．

[③] 于施洋，杨道玲．基于用户体验的政府网站优化：总体思路[J]．电子政务，2012(8)：2-7．

[④] 中国软件测评中心．第四节 围绕民生需求，整合业务资源，提供实用化服务，是政府网站建设的重点内容[EB/OL]．[2015-03-20]．http://2014wzpg.cstc.org.cn/zhuanti/fbh2014/zbg/1-4.html.

绩效评估用户调查"结果显示：少数网民对政府网站"很不满意"[①]；在 2013
年 10 月 25 的第三届中国政府门户网站发展论坛上，专家提出："提供的服务
不需要，需要的服务找不到。"[②]中国软件评测中心则在 2013 年 11 月举行的
"第十二届（2013）中国政府网站绩效评估结果发布会暨电子政务高峰论坛"
上发布的中国政府网站绩效评估结果显示，超过 80%的政府网站现有的服务内
容与用户服务需求之间存在较大的差距[③]。公众对政府网站的不满意已经倒逼
政府来改革政府网站，如 2015 年 3 月 24 日，国务院决定开展第一次全国政府
网站普查，有效解决一些政府网站存在的群众反映强烈的"不及时、不准确、
不回应、不实用"等问题[④]。

政府网站公共服务定位模糊以及公共服务公民接受度和满意度偏低的原因
在于：第一，缺乏以公共服务为主旨的政府网站顶层设计。尽管有大量针对电
子政务设计的指导框架，但这些研究的对象多为普适意义的框架（如电子政务
互操作框架、电子政务顶层设计）或特定理论下的架构（如基于信息构建理论
从组织系统、导航系统、标识系统、搜索系统探讨政府网站构建），但它们并
没有针对政府网站公共服务提出的整体规则，导致缺乏针对政府网站公共服务
供给的具体导向及具体要求，由此导致各个政府在进行网站公共服务定位时无
据可循。第二，缺乏对用户服务需求的了解。当前的大数据环境下，政府很难
了解广大网民的真实服务需求，往往基于自身业务来提供政府网站服务，从而
导致"提供的服务不被公众需要，公众需要的服务找不到"的局面。

因此，如何重构政府网站服务体系，以满足用户不断增长的服务需求，成

[①] 转引自：于施洋，杨道玲. 基于用户体验的政府网站优化：总体思路[J]. 电子政务，
2012(8)：2-7. 第九届（2010 年）中国政府网站绩效评估结果总报告：第二节 服务型政
府网站的体系框架和重点内容[EB/OL].[2012-07-10].
http://2010wzpg.cstc.org.cn/fbh2010/pgbg/pgzbg/1908.shtml.

[②] 新华网. 部分政府网站不准确不实用 公众满意度差[EB/OL].[2014-07-08].
http://news.sina.com.cn/c/2013-10-25/171428532817.shtml.

[③] 新华网. 2013 年政府网站绩效评估结果发布 五大方面须提高[EB/OL].[2014-07-08].
http://news.xinhuanet.com/zgjx/2013-11/29/c_132927872.htm.

[④] 中国政府网. 政府网站不休眠，公共服务方不断档[EB/OL].[2015-03-31].
http://www.gov.cn/zhengce/2015-03/30/content_2840294.htm.

为政府需要认真研究并积极推进的一项重要工作。奥斯本和盖布勒在《改革政府：企业家精神如何改革着公营部门》中说：政府是我们使用的一种工具，一旦这个工具过时了，重新发明的过程就开始了①。同样，对于政府而言，政府网站是政府对外服务的重要平台与工具，当这一工具过时则需要进行重构。本书旨在结合国内外政府网站服务的相关研究与实践成果，面向我国政府网站服务定位模糊和公众满意度低的问题，提出政府网站服务体系重构，以期为我国政府网站规划和设计提供建议。

0.1.2 研究意义

对政府网站服务体系重构进行研究，以提升政府网站服务水平与公众满意度，具有以下意义：

（1）对于充实政府网站研究具有理论意义。政府网站在提供公共服务上的作用，日益受到世界许多国家的重视。一方面，国际上政府网站服务研究已经越来越受到广泛关注；另一方面，我国在理论研究方面还显得比较薄弱，尽管有学者关注政府网站服务，但大多处于国外政府网站服务理论介绍阶段，尚未对其进行深入探讨，也未从我国本土角度出发来进行研究。此外，现有研究较多从技术角度或政府自身角度来探讨政府网站公共服务问题。从本质上而言，政府网站服务在技术上已经不存在问题，但如何全面、正确地理解和把握政府网站服务，还有很多有待研究的问题。本书以提升政府网站服务为目的，提出政府网站服务体系的优化建议，有助于充实政府网站服务理论。

（2）对于促进政府网站发展和电子化公共服务建设具有现实意义。尽管国务院办公厅先后发布的 31 号、40 号、57 号、100 号文件，为开展政府网站服务工作提供了政策依据，但这些文件并没有给出服务体系重构的具体方案。政府网站服务体系重构从研究服务主体、服务需求分析方式与服务内容等多个方面给出了政府网站服务的解决方案，对于正在进行的公共服务建设具有现实意义。此外，与我国服务体系重构强烈的需求相比，目前我国政府网站服务体

---

① [美]奥斯本，盖布勒. 改革政府：企业家精神如何改革着公营部门[M]. 周敦仁等，译. 上海：上海译文出版社，1996：23.

系重构的相关工作还缺乏深度，导致过于依赖或模仿国外经验。本研究有利于政府发现政府网站及其公共服务中存在的不足，并为政府制定政府网站公共服务推进策略提供参考。

0.2 国内外研究现状

0.2.1 国外研究现状

基于现有文献，笔者认为国外学术界对政府网站服务的相关研究主要体现在如下几个方面。

0.2.1.1 政府网站服务对象分析研究

通过对服务对象进行分析，有利于政府网站服务内容的供给以及服务质量的提升，国外学者在此方面进行了大量研究。

有学者强调服务对象分析的重要性，如 Lee、Tan，Trimi[1]认为在进行流程建模研究之前，有必要确立以何种方式来分析和选取地方行政部门面向公民和企业的服务，从而以完整以及确切方式来分配那些通过门户网站能自动化的流程。Bertot 和 Jaeger[2]认为，形成一个普遍可用、易用和具有强大功能的政府网站服务，政府网站应当具有用户导向性，参与用户导向型评估活动，评估政府网站服务资源，理解政府网站服务的用户需求。Farhan 和 Sanderson[3]以定量方式来对科威特政府门户网站进行测评，关注网站是否能以满足用户信息需求和契合用户信息搜寻偏好的方式来组织信息，以及用户对网站的信息检索系统效

[1] Lee S, Tan X, Trimi S. Current Practices of Leading E-government Countries[J]. Communications of the ACM Archive,2005, 48(10):99-104.
[2] Bertot JC, Jaeger PT. User-centered E-government: Challenges and Benefits for Government Web Sites[J]. Government Information Quarterly,2006,23(2):163-168.
[3] Farhan HR, Sanderson M.User's Satisfaction of Kuwait E-Government Portal:Organization of Information in Particular[A].In:Janssen M,Lamersdorf W, Pries-Heje J,Rosemann M. E-Government,E-Services and Global Processes[C]. Berlin: Springer,2010:201-209.

果的看法。

在政府网站服务对象分析方法上，Dijk、Peters 和 Ebbers[①]认为，政府互联网服务的接受和利用是一个"学习过程"，需要以动态的方式来进行分析，并建议政府采取服务跟踪技术来监测用户，以用户需求导向来提供政府互联网服务。Chau、Fang 和 Sheng[②]则通过对 2003 年 3 月 1 日至 2003 年 8 月 15 日期间在 Utah.gov 政府网站上的 1 895 689 个搜索日志进行分析，建议通过搜索日志分析法来确定用户搜索行为并监控他们的信息请求，并将请求频繁的信息放置在政府网站首页或者创建醒目的导航链接。Klaassen、Karreman 和 Geest[③]将公民信息需求、访谈数据以及服务器的日志文件分析作为构建用户友好型政府门户网站的基础。

在政府网站服务对象需求保障方面，Verma、Mishra 和 Thangamuthu[④]以印度国家门户网站为例，强调在通过政府网站提供公共服务时应建立一些渠道来接受用户的反馈和建议，从而理解并满足用户的服务需求。

在政府网站服务对象内容需求方面，Torres、Pina 和 Acerete[⑤]对欧盟国家 33 个有影响力的大城市政府网站进行研究，发现这些城市共提供 67 种公共服务，其中用户用得最多的网上服务是地方税收的网上办理——85%的受访城市开展了这一应用，而且绝大多数公共服务都具有大众性，并与文化、体育、娱

[①] Dijk J, Peters O, Ebbers W.Explaining the Acceptance and Use of Government Internet Services: a Multivariate Analysis of 2006 Survey Data in the Netherlands[J]. Government Information Quaterly,2008,25(3):379-399.

[②] Chau M, Fang X,Sheng O. What Are People Searching on Government Web Sites?[J]. Communications of the Acm, 2007, 50(4): 87-92.

[③] Klaassen R, Karreman J,Geest T. Deisgning Government Portal Navigation Around Citizens' Needs [C]. In:Wimmer MA,Scholl HJ, Grönlund Å, Andersen KV. Electronic Government[C]. Berlin: Springer, 2006: 162-173.

[④] Verma N, Mishra A, Thangamuthu P. One-Stop Source of Government Services through theNational Portal of India[C].In: Sahu GP. Delivering E-government [C]. New Delhi: GIFT Publishing, 2006: 88-95.

[⑤] Torres L, Pina V, Acerete B. E-government Developments on Delivering Public Services among EU Cities[J]. Government Information Quarterly, 2005, 22(2): 217-238.

乐有关。

0.2.1.2 政府网站服务设计研究

政府网站服务设计研究，其实质就是回答政府网站服务应该如何设计的问题，这也是政府网站服务的核心问题。

在政府网站服务设计策略方面，Velsen 等[①]认为，通过"以公民为中心"的指导思想来设计政府网站服务，不仅要照顾到用户的使用习惯，而且也要照顾到服务提供者（政府内部雇员）的使用习惯，因而有必要在两者之间进行平衡。Anthopoulos、Siozos 和 Tsoukalas[②]认为，通过电子政务群组软件（eGG）这一协作工具，有助于公民以及公务员参与到数字公共服务的设计当中，从而实现电子政务服务的重组，真正推动一站式政府网站建设和提升公众满意度。Karlsson、Holgersson 等[③]分析电子公共服务构建的三种用户参与式途径：参与式设计、用户导向设计、用户创新，并提出应用这三种途径时应注意的事项，从而实现战略性电子服务目标。Jaeger[④]认为，政府应提升当前服务公众的底层系统之间的互操作性，从而构建能向公众提供信息和电子服务的政府门户网站。

在政府网站服务框架方面，Stowers[⑤]从网站设计角度提出了一个六维框架模型，认为政府网站服务设计应包括如下六个方面：①在线服务；②用户帮助；③用户导航；④法律安全保障；⑤服务架构；⑥特殊人群辅助。Sarantis

---

[①] Velsen L, Geest T, Hedde M, Derks W. Requirements Engineering for E-Government Services: a Citizen-centric Approach and Case Study[J]. Government Information Quarterly, 2009, 26(3): 477-486.

[②] Anthopoulos LG, Siozos P, Tsoukalas IA. Applying Participatory Design and Collaboration in Digital Public Services for Discovering and Re-designing E-government Services[J]. Government Information Quarterly, 2007, 24(2): 353-376.

[③] Karlsson F, Holgersson J, Söderström E, Hedström K. Exploring User Participation Approaches in Public E-service Development[J]. Government Information Quarterly, 2012, 29(2): 158-168.

[④] Jaeger P. The Endless Wire: E-government as Global Phenomenon[J]. Government Information Quarterly, 2003, 20(4): 323-331.

[⑤] Stowers G. Becoming Cyberactive: State and Local Governments on the World Wide Web[J]. Government Information Quarterly, 1999, 16(2): 111-127.

等^①提出的标准化政府服务门户网站框架包括网站设计、构建以及运作的标准、原则和建议：①总体原则（公共机构设计、构建或运作政府门户网站时需要遵守的基本原则）；②门户网站配置和优化；③内容组织与展现；④电子服务支持与互操作；⑤安全要求和法律问题。Relyea^②从政府职能角度提出电子公共服务网站的结构框架，认为政府网站应包括如下方面：沟通、信息获取、服务供给、采购、安全、隐私、管理、维护、缩小数字鸿沟、应急反应、监管。

0.2.1.3 政府网站服务影响因素研究

政府网站服务是一项系统工程，涉及理念、体制、需求、内容、渠道等多个影响因素。

在理念方面，Chua 和 Goh[3]认为，政府网站服务质量不仅包括系统质量和信息质量，还包括另外四个方面：认同感、交互性、趣味性、美感。Gant 和 Gant[4]以 50 个美国政府门户网站为例，分析这些网站在电子服务供给中的作用，发现这些网站功能设计中包含开放、顾客化、易用性、透明等理念，认为功能强大的网站会提供更好的服务，而且各个州采取的战略性 IT 方式以及采纳电子政务的友好型程度都是构建具有强大功能政府门户网站的重要影响因素。Scott[5]认为，随着政府网站内容和用户的增加，政府网站开发者必须定期监控和提升网站的质量，以吸引和满足用户。高质量的政府网站应该满足五个

① Sarantis D, Tsiakaliaris C, Lampathaki F, Charalabidis Y.A Standardization Framework for Electronic Government Service Portals[EB/OL]. [2014-07-04]. http://egif.epu.ntua.gr/LinkClick.aspx?fileticket=6IT6nCRlWwI%3D&tabid=57&mid=386&language=el-GR.

② Relyea HC.E-gov: Introduction and Overview[J]. Government Information Quarterly, 2008, 19(1): 9-35.

③ Chua A, Goh D. Web 2.0 Applications in Government Web Sites Prevalence, Use and Correlations with Perceived web site quality[J]. Online Information Review, 2012, 36(2): 175-195.

④ Gant JP, Gant DB.Web Portal Functionality and State Government E-service[EB/OL]. [2014-06-23]. http://www.computer.org/csdl/proceedings/hicss/2002/1435/05/14350123.pdf.

⑤ Scott JK. Assessing the Quality of Municipal Government Websites [J]. State & Local Government Review, 2005, 37(2): 151-165.

特征，其中三个与期望值有关：透明、交易、连接，另外两个则与网站设计有关：个性化、可用性。Huang[1]认为，信息量、连接性、趣味性、友好性、回应力是政府网站提供公共服务时应该把握的五个客户价值。

在体制方面，Luke[2]以中国香港内陆税务局的电子印章（E-Stamping）服务为例，从"领导力"（Leadership）与"相关参与方"（Stakeholder）两个方面对政府网站公共服务的影响进行了分析。结果发现，如果政府领导能推动组织接受电子政务战略以及构建有效的服务系统，那么将有助于政府网站服务的推进。Rorissa 和 Demissie[3]以 582 个非洲电子政务服务网站以及 939 个亚洲电子政务服务网站为样本，分别从网站类型、特性、可用服务、电子政务服务发展水平、电子政务指数来对网站内容进行比较分析，发现两者的网站内容具有相似性，并认为不同国家之间的同质性结果是由制度理论中强制压力、规范压力、模仿压力三个不同类型的压力所导致的。

在需求方面，Shackleton、Fisher 和 Dawson[4]通过对澳大利亚维多利亚州政府网站公共服务进行检查和评定，发现尽管联邦政府强调地方政府采取行动来加速利用政府网站实现公共服务供给，但各个不同层级市政委员会对电子公共服务供给的目的和需求都不一样，因而政府网站服务供给的进展亦不一样。

在内容、渠道等方面，Torres、Pina 和 Acerete[5]以欧洲 33 个大城市的政府网站的 67 个服务项目为样本进行研究并发现，服务成熟度广度（即在线服务项目数量）、服务成熟度深度（即在线服务项目实现的交互水平和可达性）以及

[1] Huang J. E-government Web Site Enhancement Opportunities: a Learning Perspective[J]. The Electronic Library, 2008, 26(4): 545-560.

[2] Luke S. The Impact of Leadership and Stakeholders on the Success/Failure of E-government Service: Using the Case Study of E-stamping Service in Hong Kong[J]. Government Information Quarterly, 2009, 26(4): 594-604.

[3] Rorissa A, Gharawi M, Demissie D. A Tale of Two Continents: Contents of African and Asian E-government Websites[C].In: Sprague RH.Proceedings of the 43rd Annual Hawaii International Conference on System Sciences[C].Los Alamitos: IEEE Computer Society, 2010: 1-9.

[4] Shackleton P, Fisher J, Dawson L. E-government Services in the Local Government Context: an Australian Case Study[J]. Business Process Management, 2006, 12(1): 88-100.

[5] Torres L, Pina V, Acerete B. E-government Developments on Delivering Public Services among EU Cities[J]. Government Information Quarterly, 2005, 22(2): 217-238.

网站传递成熟度（即网站自身为公众提供服务时所需要的各种技术手段的性能）是政府网站服务质量和信息质量的关键要素。

0.2.1.4　政府网站服务面临的问题与对策研究

许多学者都对当前政府网站服务所面临的问题与对策进行了分析，既涉及诸如政府网站服务获取的服务传播渠道问题，又包括政府网站服务内容组织问题。

在服务传播渠道方面，Siddiquee[1]认为，大多数公共部门网站在公共服务上具有创新，不仅提供有关自身行动和计划的信息，而且一些信息还提供反馈观点，使得公众能表达他们的观点、需求和问题，但服务范围有限，原因在于缺乏信息资源的充分获取。

在服务内容组织方面，Huang[2]以美国州一级政府门户网站为样本，通过对政府网站公共服务进行监测发现，地方政府在服务方面还有提升空间，尤其是双向交流以及可执行的交易方面。Fang 和 Sheng[3]提出电子服务选择问题：有必要在政府门户网站主页中对一系列服务链接进行划分，让用户更有效地找到电子服务。Rorissa 和 Demissie[4]从网站类型、服务类型、特点、电子政务服务发展水平、可用服务五个方面对 582 个非洲电子政务服务网站进行分析，发现大多数非洲政府网站提供了基本形式的服务，但其他重要服务并没提供。一些学者还从服务内容组织的导向来提出政府网站服务问题，如 Ho[5]认为，公共部门仍处于"后官僚典范"当中，这些机构往往根据政府的行政结构而不是高效服务供给的需求来构建网站。Hughes、Scott 和 Golden[6]以爱尔兰 50 个政府

---

[1] Siddiquee NA. E-government and Innovations in Service Delivery: The Malaysian Experience[J]. International Journal of Public Administration, 2008, 31(7): 797-815.

[2] Huang Z. E-Government Practices at Local Levels: An Analysis Of U.S. Counties' Websites[J]. Issues in Information Systems, 2006, VII(2): 165-170.

[3] Fang X, Sheng O. Designing a Better Web Portal for Digital Government: a Web-mining Based Approach[J/OL].[2014-10-16]. http://dl.acm.org/ft_gateway.cfm?id=1065320&type=pdf.

[4] Rorissa A, Demissie D.An Analysis of African E-government Service Websites[J]. Government Information Quarterly, 2010, 27(2): 161-169.

[5] Ho AT.Reinventing Local Governments and the E-government Initiative[J]. Public Administration Review, 2002, 62(4): 434-44.

[6] Hughes M, Scott M, Golden W. The Role of Business Process Redesign in Creating E-government in Ireland[J]. Business Process Management Journal, 2006, 12(1): 76-87.

机构为例，探讨这些机构如何力图通过一个门户网站来提供电子公共服务：由于门户网站的基础设施都是围绕当前政府结构所设计，因而需要各个机构对信息发布、存储等服务供给流程采取重大变革。

0.2.1.5 政府网站服务实现手段研究

服务实现手段是指政府网站服务传递给用户的方式。从站点访问的终端类型来看，用户可以通过 PC 终端和移动终端两种方式来获取政府网站服务。为此，一些学者从访问终端角度提出政府网站服务实现手段的延伸，如 Ebbers、Pieterson 和 Noordman[1]通过分析政府网站、前台、手机等政府与公民之间所常用的渠道类型和渠道模式，从公民和政府的角度提出一个跨渠道的管理策略，以此希望政府再思考自身渠道战略。Reddick 和 Turner[2]通过对加拿大居民的民意测验进行逻辑回归分析发现，政府网站更多被视为信息获取的渠道，手机则是一个更普遍用于解决问题的渠道，并建议政府应该结合自身业务以及服务回应力的稳定性来为公民提供多种服务渠道。

从载体来看，除了政府网站之外，诸如微博等新媒体也可以承载公共服务。为此，有学者从媒体融合角度提出政府网站服务实现手段的完善，如 Sandoval-Almazan 和 Gil-Garcia[3]以墨西哥的 32 个州的政府网站为样本，分别对这些网站如何利用推特以及各个网站做法上的差异性进行了研究。Chua 和 Goh[4]对 200 个政府网站进行内容分析和多重回归分析发现，Web 2.0 在政府网

---

[1] Ebbers WE, Pieterson WJ, Noordman HN. Electronic Government: Rethinking Channel Management Strategies[J]. Government Information Quarterly, 2008, 25(2): 181-201.

[2] Reddick CG, Turner M. Channel Choice and Public Service Delivery in Canada: Comparing E-government to Traditional Service Delivery[J]. Government Information Quarterly, 2012, 29(1): 1-11.

[3] Sandoval-Almazan R, Gil-Garcia JR. Social Media in State Governments: Preliminary Results About the Use of Twitter in Mexico[C]. In: Scholl HJ, et al. Electronic Government and Electronic Participation. Joint proceedings of ongoing research and projects of IFIP EGOV and IFIP ePart 2012. Linz: Trauner Verlag, 2012: 165-174.

[4] Chua A, Goh D. Web 2.0 Applications in Government Web Sites Prevalence, Use and Correlations with Perceived Web Site Quality[J]. Online Information Review, 2012, 36(2): 175-195.

站中应用频率由高到低依次为：RSS、多媒体分享服务、博客、论坛、社会标签、社会网络服务、维基百科，而且 Web 2.0 应用与政府网站服务质量有直接关系。Abdelsalama 等[1]通过对埃及政府网站的社会媒介应用进行调查，发现这些社会媒介主要被用于信息发布，而很少用于促进公民与政府的双向互动。Vassilakis、Lepouras 和 Halatsis[2]针对当前大多将互联网作为公共服务供给渠道的问题，展现了一种以知识为基础的电子政务服务开发的方法，促使这些服务能通过多种不同渠道进行供给，这种方法将服务的业务逻辑与展现问题进行隔离，避免因各种服务渠道隔离运作而产生重复工作。

尽管政府网站可以通过与外部的微博等新媒体之间的融合来优化政府网站服务的实现手段，但政府网站内部的完善对拓展政府网站服务渠道同样重要，如 Criado 和 Ramilo[3]指出，澳大利亚维多利亚州政府在 1997 年将其门户网站迁往 maxi 系统中，从而能利用多渠道技术来提供公共服务，而且伴随着 2001 年跨服务表达（ME）门户正式上线，它能够以服务类型、部门划分、生活事件这三种方式提供超过 300 种服务。

0.2.2　国内研究综述

0.2.2.1　政府网站服务对象分析研究

有学者强调了政府网站服务对象分析的重要性，如唐月伟和宋君毅[4]分析了我国政府网站公共服务对象细分产生的国际背景、国情特征和趋势要求。何

---

[1] Abdelsalama HM, Reddick C, Gamal S, Al-shaar A.Social media in Egyptian Government Websites: Presence, Usage,and Effectiveness[J]. Government Information　Quarterly, 2013, 30(4): 406-416.

[2] Vassilakis C, Lepouras G, Halatsis C.A Knowledge-based Approach for Developing Multi-channel E-government Services[J]. Electronic Commerce Research and Applications, 2007, 6(1): 113-124.

[3] Criado J, Ramilo M. An Analysis of Web Site Orientation to the Citizens in Spanish Municipalities[J]. The International Journal of Public Sector Management, 2003, 16(3): 191-218.

[4] 唐月伟，宋君毅. 残疾人服务——政府网站公共服务对象细分的尝试[J]. 电子政务，2009(9)：77-80.

芦琪[①]分析国内外政府网站发展状况，并以"中国上海""上海普陀"为案例，分别从客户细分、客户信任、政民和谐、新技术在政府网站信息架构中的应用四个方面来构建政府网站信息架构。这一架构引入客户关系管理理论，将服务对象如公民、企业等看作"客户"，以客户为中心的政府建设理念在政府网站信息架构中得到最大体现。

在认识到政府网站服务对象分析的重要性以后，有学者研究了政府网站用户体验的影响因素。刘渊和易凌志[②]尝试将客户服务理论引入公共管理领域，对用户价值感知进行实证分析并发现，政府门户网站信息服务的用户价值感知构成包括便利性体验、个性化服务、技术安全、信息内容与品质、使用成本与价值、权威性等六大要素，它们共同影响用户对网站信息服务的整体满意度。曹庆娟[③]认为政府网站"用户体验"的影响因素主要包括品牌、功能、内容和可用性四个方面。

为了有效分析服务对象，还有学者提出了政府网站服务对象分析方法和对策。孙久舒[④]为了基于用户需求来向用户提供政府网站信息服务，从技术层面来搜集、保存、分析用户点击行为。程凤荣[⑤]将用户的服务需求分为对服务内容的需求和方便使用的操作性需求两个方面，对我国政府门户网站目前在把握用户需求方面的不足，以及今后应该采取的措施进行了详细的论述。

0.2.2.2 政府网站服务设计研究

一套完整的政府网站服务设计，不仅要确定主导思想、架构、内容，还涉及政府网站服务界面的呈现，即：服务设计主导思想、服务设计框架、服务内

---

① 何芦琪. 基于客户关系管理理论的政府网站信息架构研究[D]. 上海：上海交通大学，2013.
② 刘渊，易凌志. 政府门户网站信息服务与用户价值感知：以"中国浙江"政府门户网站及其用户服务为例[J]. 情报学报，2009(3)：431-436.
③ 曹庆娟. 基于用户体验的政府网站用户满意度研究[J]. 情报科学，2009(10)：1470-1474.
④ 孙久舒. 基于内容关联的政府网站信息服务模型研究[D]. 长春：吉林大学，2011.
⑤ 程凤荣. 准确把握用户需求——中国政府门户网站升级的关键[J]. 电子政务，2005(14)：62-65.

容组织、服务界面设计。

在政府网站设计理念方面,国家信息中心网络政府研究中心课题组[①]以中华人民共和国中央人民政府门户网站(www.gov.cn,简称"中国政府网")为案例,对该网站在 2014 年所进行改版规划设计的基本理念和主要做法进行介绍,并探讨了该网站改版过程中的主要经验。颜海、朱群俊和汲宇华[②]依据服务型政府网站的功能定位,提出了服务型政府网站建设应遵循服务为本、需求导向、特色创新的设计理念,以及体现热情清晰的版面、科学便利的栏目划分、庄重美观的页面以及按钮群式的主页链接等设计风格。徐芳[③]针对当前政府网站所面临的易用性、交互性问题,结合服务型政府网站参考模型,提出了融入交互设计理念、方法与技术的政府网站信息服务优化理论框架。

在服务型政府网站设计框架方面,张少彤、张连夺和董政刚[④]提出基于用户需求的服务型政府网站建设体系框架,包括用户层、渠道层、内容框架层、资源层,并以国内外领先政府网站的优秀实践进行实证。王友奎、周亮和王凯[⑤]从用户、展现、内容和保障四个层次提出了服务型政府网站的参考模型。在政府网站服务界面设计方面,王璟璇和于施洋[⑥]强调对政府网站服务界面进行优化的重要性,将界面设计、导航设计、信息设计和视觉设计作为服务界面优化的核心要素和优化内容。

在政府网站服务内容组织方面,李斌[⑦]从建立完善公共服务目录的规章制度、整合资源、流程再造、延伸服务供应链四个方面提出政府网站公共服务体

[①] 国家信息中心网络政府研究中心课题组. 中国政府网改版的理念与实践[J]. 电子政务,2014(3):2-7.

[②] 颜海,朱群俊,汲宇华. 服务型政府网站设计理念与风格[J]. 档案学研究,2011(4):65-67.

[③] 徐芳. 交互设计与政府网站信息服务优化研究[J]. 电子政务,2012(4):27-33.

[④] 张少彤,张连夺,董政刚. 基于用户需求的服务型政府网站建设思路[J]. 电子政务,2013(3):105-109.

[⑤] 王友奎,周亮,王凯. 服务型政府网站的体系架构探讨[J]. 电子政务,2011(1):6-19.

[⑥] 王璟璇,于施洋. 基于用户体验的政府网站优化:精心设计服务界面[J]. 电子政务,2012(8):35-44.

[⑦] 李斌. 服务型政府网站建设[D]. 杨陵:西北农林科技大学,2012.

系的完善建议。汤丽[①]提出了政府网站公共服务（目录体系）建设的整体思路及实施的总体策略。尹岩凌[②]将政府网站的功能概括为信息发布服务、网上办事服务、网上沟通服务、网上监督服务、网站导航服务。王建冬和于施洋[③]以成都市政府网站为例，对用户使用该网站栏目的访问数据进行需求分析，进而从服务定位、栏目导航、专栏配置等方面探讨了政府网站栏目的调整。

0.2.2.3 政府网站服务影响因素研究

有学者从营销学、统计学等不同学科角度研究政府网站服务影响因素。董政刚[④]利用营销学的服务质量差距模型，探讨中国政府网站服务质量的差距所在，从缩小管理者认知差距、服务质量标准差距、服务提供差距、服务宣传沟通差距四个方面提出促进服务型政府网站的建设与发展的改进策略。陈岚对不同地区政府门户网站服务绩效进行比较，通过统计数据来对政府网站服务水平与"经济发展水平""信息化水平""网民比例"三项指标进行比较，最终得出结论：我国各地政府门户网站在公共服务方面的绩效与"人均 GDP""信息化水平""网民比例"这三者之间存在着正相关关系[⑤]。

政府网站服务质量的提升，不仅取决于作为主体的政府，还依赖于能否面向作为客体的公众来提供公共服务。为此，不同学者从公众和政府等不同角度研究政府网站服务影响因素，如徐晓斌、宋俊华和唐木涛[⑥]从公众视角分析了我国政府门户网站服务质量存在的问题及其原因。肖微和卢爱华[⑦]认为，政府

[①] 汤丽. 政府网站公共服务体系建设的思路[J]. 电子政务，2011(9)：93-97.

[②] 尹岩凌. 城市政府门户网站建设[J]. 信息技术，2004(12)：86-88.

[③] 王建冬，于施洋. 基于用户体验的政府网站优化：动态调整栏目[J]. 电子政务，2012(8)：28-34.

[④] 董政刚. 基于服务质量差距模型的政府网站服务改进策略研究[J]. 电子政务，2013(6)：60-64.

[⑤] 陈岚. 从统计数据看我国各地政府门户网站绩效差异[J]. 中国管理信息化，2008(17)：105-107.

[⑥] 转引自：杜浩文，雷战波，艾攀. 政府门户网站服务质量评价研究述评[J]. 情报杂志，2010(2)：66-71. 徐晓斌，宋俊华，唐木涛. 我国政府网站服务品质的分析与思考[J]. 信息技术与信息化，2006(6)：21.

[⑦] 肖微，卢爱华. 我国政府网站公共服务的现状分析与优化路径[J]. 科技创业月刊，2009(4)：75-76.

网站服务与公众利益的关联度会影响公众对政府网站服务的接受程度。在政府角度上，顾平安[①]从理论上阐述了面向公共服务的政务流程再造推进策略，认为要提高政府网站服务质量，政府应以"服务链"为核心进行政务流程再造、构建公共服务的业务模型，建立政务流程再造绩效评价体系。刘渊、邓红军和金献幸[②]以杭州市政府门户网站为实证研究对象，探讨服务质量各评价维度与使用者满意度和内外部用户再使用意愿的关系，并提出提升政府网站服务质量的建议。

0.2.2.4 政府网站服务面临问题与对策研究

从公众接受的角度来看，相对于电话而言，用户通过政府网站获取服务的意愿更小。杜治洲[③]指出，仅有 24%的居民希望通过网站办理与政府有关的事项，而大约 40%的美国人希望用电话与政府机关办事。为此，井西晓[④]针对我国的政府网站公共服务社会接受度较低的问题，提出从进一步完善信息基础设施、以顾客需求为导向进行政府网站公共服务设计、实现政府网站公共服务管理的标准化、加强政府网站公共服务中的隐私保护四个方面来增强公众对政府网站公共服务的接受度。

也有学者探讨了政府网站服务内容及供给问题。童瑜[⑤]以成都新津县作为对象，提出了从信息服务、公共服务、公共参与和政府职能四个方面改进政府网站栏目内容。李贺和齐保国[⑥]对吉林省 10 个地市级政府网站信息服务内容进行调查，并从关注用户信息需求、重视民生民意、实现全方位特色化信息检索

[①] 顾平安. 面向公共服务的电子政务流程再造[J]. 中国行政管理，2008(9)：83-86.

[②] 金献幸. 城市政府门户网站服务质量与内外部用户再使用意愿研究——以杭州市政府门户网站为例[D]. 杭州：浙江大学，2007.

[③] 杜治洲. 电子政务接受度研究——基于 TAM 和 TTF 整合模型[J]. 情报杂志，2010(5)：196-198.

[④] 井西晓. 拓展政府网站公共服务的路径——以创新扩散理论为视角[J]. 理论探索，2011(4)：110-112.

[⑤] 童瑜. 基于服务型政府导向下的新津县政府网站建设研究[D]. 成都：西南交通大学，2012.

[⑥] 李贺，齐保国. 吉林省地市级政府网站信息服务内容调查研究[J]. 图书馆学研究，2013(11)：72-75，87.

功能三个方面提出了改进策略。黄萃①认为，政府网站服务的"公共性"决定了"市场失灵"现象，但同时也存在"政府失灵"危险，从而提出要以公私合作模式来改善政府网站服务的供给。袁健、薛源和唐月伟②从明确政府网站公共服务供给原则和目标、提高政府机构决策能力、确保信息安全与隐私保护、加强规范化和标准化建设、扩展政府网站公共服务的广度和深度五个方面提出政府网站公共服务供给的完善建议。

有学者从政府网站服务某一具体方面提出问题与对策。在服务整合方面，李广建和王巍巍③通过对国外政府网站整合服务的调研，从基于生活事件的整合服务、基于搜索指引的整合服务、基于分布式计算的整合服务、基于门户技术的整合服务四个方面对政府网站服务整合应用进行了探讨。在个性化服务方面，翟志清和喻敏④认为，服务型政府网站的个性化服务必须明确三个方面的问题：谁来服务、为谁服务、服务什么。刘焕成和杨彩云⑤提出从加强政策引导、整合信息资源、提高服务的广度和深度、完善评价机制等方面来加强政府网站特色化和个性化服务。杨木容⑥从掌握用户不断变化的信息需求、有效实现互动功能、实现个性化服务功能、做好面向用户的网站使用帮助信息四个方面提出我国省级政府网站个性化信息服务建设的完善策略。

另一些学者则以政府网站为样本来提出政府网站服务完善建议。邓悦⑦以河北省 11 个地级市的政府网站为例，在分析网站发展中存在的问题的基础上

---

① 黄萃. 基于政府失灵的电子公共服务项目建设模式构建[J]. 情报杂志, 2006(8): 11-12.
② 袁健, 薛源, 唐月伟. 我国政府网站在提供公共服务方面存在的问题与对策[J]. 电子政务, 2009(5): 108-115.
③ 李广建, 王巍巍. 国外政府网站整合服务研究[J]. 情报科学, 2011(4): 486-491.
④ 翟志清, 喻敏. 政府网站的个性化服务建设[J]. 新闻前哨, 2013(5): 31-32.
⑤ 转引自: 黄霞, 朱晓峰, 张琳. 个性化电子政务信息服务研究[J]. 电子政务, 2012(Z1): 79-84. 刘焕成, 杨彩云. 论政府网站的特色化和个性化信息服务[J]. 图书情报知识, 2010(6): 111-116.
⑥ 杨木容. 对省级政府网站个性化信息服务建设的调查研究[J]. 图书馆建设, 2008(3): 62-64, 67.
⑦ 邓悦. 河北省地级市政府网站信息资源建设与服务现状研究[J]. 电子政务, 2010(8): 83-92.

从政府机构更新观念、设立专门机构进行政府网站质量监控、注重政府网站内容建设、满足公众需求四个方面提出改进对策。环菲菲[1]基于国内外政府网站以及上海市水务局政府网站的建设现状，提出我国服务型政府网站建设和发展策略：从观念上坚持以顾客为中心、减少政府网站的顾客成本、加大与顾客的交流、构建政府网站协同机制、建立统一的服务型政府网站建设标准和模型、建立以顾客为导向的绩效管理机制。柳大伟[2]结合我国地市级政府网站的实际，提出了若干对策建议：网站功能定位向公共服务转变；提高网站服务功能易用性；完善政府网站信息整合功能；推进"一站式"服务；引入考核评价机制。周晓英和王冰[3]从英国政府网站公共服务受到重视、政府网站治理措施、政府网站公共服务调研和建议、政府网站指导规范的建立和实施四个方面研究了英国政府在线公共服务的保障措施。马小晋[4]以河南政府网站为例，提出从四个方面来改进河南省政府网站服务：以信息系统为基础，改进网站功能；以实际应用为中心，提高网站使用；以交互能力为重点，增强网站公信力；以用户需求为根本，提升网站服务。

通过以上可以看出，国外部分研究成果包括政府网站服务对象分析、设计、影响因素、面临的问题与对策、实现手段等方面的内容，而国内部分研究成果主要体现在政府网站服务的必要性以及相应完善建议的理论探讨。政府网站服务问题已经得到国内外诸多学者的关注，产生了不少研究成果。然而，当前这一研究尚存在一些不足，主要表现在如下方面：一是政府网站服务的研究成果较为零散，没有综合考虑政府网站服务所涉及的一系列问题，缺乏对服务主体、服务对象、服务内容、服务渠道等方面的系统研究，从而形成系统化的政

---

[1] 环菲菲. 新公共管理理论与政府网站建设：兼论服务型政府实现途径——以上海市水务局政府网站为例[D]. 上海：复旦大学，2010.

[2] 柳大伟. 地市级政府网站服务功能实现研究——以南宁市政务信息网为例[D]. 南宁：广西大学，2012.

[3] 周晓英，王冰. 英国政府在线公共服务的保障措施研究[J]. 情报科学，2011(8)：1128-1133.

[4] 马小晋. 河南省政府网站服务提升策略研究[D]. 洛阳：河南科技大学，2013.

府网站服务。二是对政府网站服务体系重构研究不够深入。从目前的研究成果来看，绝大部分都是强调政府网站服务的重要性。尽管一部分文献探讨了政府网站服务面临的问题与对策，但都是基于某国或地区政府网站服务中遇到的具体问题而提出，并没有从重构的角度来对政府网站服务体系的一些原理和问题进行深层次探讨。由此可见，政府网站服务体系重构研究亟待深入，构建全面系统的政府网站服务是必然趋势。前述相关的研究成果为本研究提供了理论支持，也为本研究提供了施展空间。

0.3　研究思路与研究内容

0.3.1　研究思路

本书的研究思路是按照提出问题、分析问题、解决问题这三个层次进行展开。第一步，提出问题。本书从政府网站公共服务定位模糊和公众满意度低的问题出发，阐明我国政府网站发展对服务体系重构的迫切需求以及与这种需求相冲突的政府网站服务体系重构的缺乏，指出研究主题——中国政府网站服务体系重构研究；随后从国外和国内两个方面对政府网站服务的相关文献研究进行分析，得出对本书的研究启示。第二步，分析问题。本书对研究中所涉及的基本概念进行了界定，并以政府职能理论、客户关系管理理论、新公共服务理论为研究的理论基础；接着对我国当前政府网站服务体系现状进行调查，列出当前面临的问题，并在借鉴已有的政府网站服务体系重构的基础上提出了我国政府网站服务体系重构的框架。第三步，解决问题。在前期分析问题的基础上，围绕我国政府网站服务体系重构框架，分别从服务需求、服务内容、服务主体、服务渠道四个方面对政府网站服务体系重构进行分析。研究总体框架如图 0-2 所示。

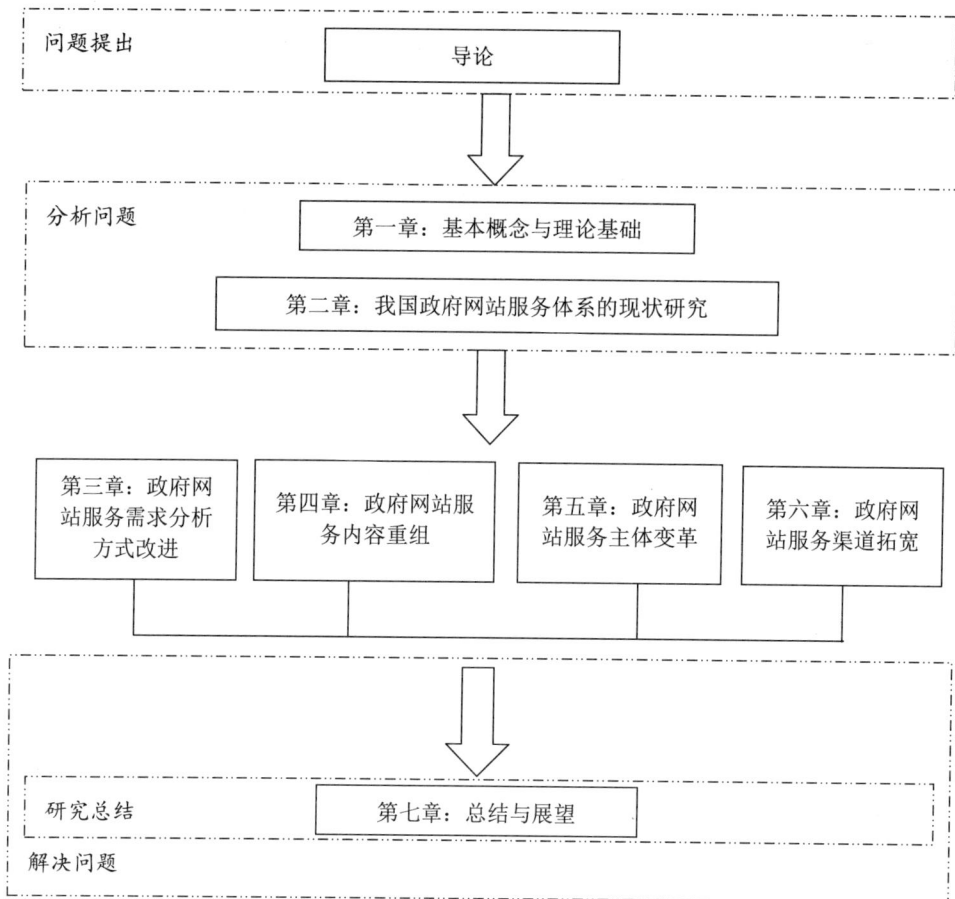

图 0-2 研究结构框架示意

0.3.2 研究内容

本书共分为八个部分，主要内容如下。

导论。本部分阐述我国政府网站发展对服务体系重构的迫切需求以及与这种需求相冲突的服务体系重构框架的缺失，提出我国政府网站服务体系重构并阐述该研究的理论意义和现实意义，随后对国内外政府网站服务方面的研究成果和相关实践进行梳理，总结其特点，以及当前存在的不足和借鉴之处。最后提出本书的研究框架和内容，并对研究方法、研究难点以及可能的创新点进行阐述。

第一章为基本概念与理论基础。本章探讨了本研究所涉及的基本概念，从理论层面探讨政府网站服务体系，并在此基础上以政府职能理论、客户关系管理理论、新公共服务理论为基础，将这些理论分析与政府网站服务体系重构相结合，分析其对政府网站服务体系重构的作用。

第二章为我国政府网站服务体系的现状研究。中国政府网站服务体系重构根植于中国特定的国情下，因而本章对当前我国政府网站服务体系进行现状调研，针对调研出的问题以及借鉴我国已有政府网站服务体系重构的基础上提出了服务需求、服务内容、服务主体、服务渠道四个方面的政府网站服务体系重构框架。

第三章为政府网站服务需求分析方式改进。政府网站服务强调根据服务对象需求来提供相应服务，就必须对政府网站服务需求进行分析。本章研究政府网站服务对象识别，比较了政府网站服务需求分析方式，并列举了国内外在政府网站代码加载分析方面的应用案例。

第四章为政府网站服务内容重组。在变革服务需求分析方式以后，如何根据服务需求来提供服务内容就成为关键，因而政府网站需要相应的服务内容进行支撑。本章提出政府网站服务内容的组成要素，并从政府网站服务业务界定、现有政府网站服务业务梳理、面向用户的政府网站服务内容优化三个方面提出重组路径。最后，本章还提出了政府网站服务内容重组的实现保障，以保证重组后的政府网站服务内容能得到秩序化供给。

第五章为政府网站服务主体变革。公共服务的实质是服务主体满足服务对象需求的活动，但我国政府网站服务体制暴露出诸如各地不一、"碎片化"等不足，不再适应服务型政府的新要求。本章研究政府网站服务主体构成，分析单一型政府网站服务主体与混合型政府网站服务主体的优缺点，从政府自身完善和延伸政府网站服务主体两个方面来探讨变革策略，并提出政府网站服务主体变革的保障机制。

第六章为政府网站服务渠道拓宽。在进行服务对象需求、服务内容重组以及服务主体变革以后，则涉及如何将政府网站服务提供给服务对象，即服务渠道的问题。本章分析了政府网站服务渠道构成、政府网站服务渠道拓宽的影响因素，并提出政府网站服务渠道拓宽的举措。

第七章为总结与展望。本章对全书的内容进行总结，提出了研究中的创新点及存在的不足，并对未来的研究进行展望。

0.4 研究方法与研究难点

0.4.1 研究方法

0.4.1.1 文献研究法

在政府网站服务体系重构的领域，并没有可供直接借鉴的模型与框架，但国内外现有的政府网站服务的研究与实践，可为我国政府网站服务体系重构提供丰富的资料来源与有力的指导。因此，本书采用文献分析法，通过广泛收集、分析国内外现有研究文献及研究报告，跟踪相关研究的最新动向，掌握该领域的研究现状和发展态势。

0.4.1.2 案例分析法

扎实的案例研究，有助于通过个案进行理论归纳，从而构建和发展我国本土理论。本书充分利用案例分析法，通过对国内外政府网站服务体系重构的典型案例进行具体剖析，掌握其项目实施的机制，从中提炼出相关理论，从而为本书所提出的政府网站服务体系重构提供借鉴。

0.4.1.3 比较分析法

本书采用比较分析的方法，通过比较分析研究国内外政府网站服务体系重构的理论研究与实践，通过比较总结出各自特点，探讨如何结合我国实际研究出符合中国情况的政府网站服务体系重构框架。

0.4.1.4 访谈法

为了解我国政府网站服务实践所做的工作存在的问题，本书采用面谈的形式，与我国 5 个政府门户网站以及 5 个政府部门网站的工作人员进行交流，认真听取了其所在政府在政府网站服务方面所做的工作及面临的问题。同时，笔者借助于参与国家信息中心和国务院办公厅政府信息公开办公室的一些政府网站改版以及顶层设计的课题，有幸与政府网站设计的资深专家进行交流，不仅能弥补纯理论研究的缺陷，而且对本研究具有极大的启发作用。

0.4.1.5 思辨与实证相结合的方法

思辨研究方法强调推理演绎，而实证研究方法强调事实判断。本书借鉴公共管理学、政治学等理论成果，借助于实践基础，对我国政府网站服务主体变革进行辩证的理论分析，从而形成完善的政府网站服务主体变革策略。同时，本书在验证政府网站服务体系重构框架中，按照规范的访谈流程，以访谈笔记和资料对该框架的合理性进行验证，而且在政府网站服务体系重构框架的各个要素部分中也部分地基于中国个案进行了检验。

0.4.2 研究难点

本研究中主要面临的难点包括以下几方面：

（1）从已有的文献来看，目前就政府网站服务体系重构进行专门研究的文献非常少，该研究是一个具有挑战性的难题。可以说，该研究在我国还是一个较新的领域，使得可供直接借鉴的成果非常少，给本研究增添了难度。

（2）构建适合中国国情的政府网站服务体系重构框架。目前，学界对于政府网站服务体系重构的研究还不深入，现有研究大多停留在宏观层面来介绍我国政府网站服务的设计和发展。在缺乏参考的情况下，就需要对我国政府网站服务有一个全面了解，对笔者来说确实不易。

（3）为获得更为普适的政府网站服务体系重构的建议与对策，需要对政府网站进行大量调查，但限于人力、能力及成本，而且许多政府将政府网站视为机密而未公开，要完全获得各个政府网站设计与构建的信息，实属不易。为此，笔者只能根据自身了解的一些政府网站作为政府网站服务体系重构的应用案例，但无法将所提出的体系重构框架向政府网站进行逐一实证研究。

0.5　创　新　点

本书在吸收公共管理、信息管理等学科知识以及相关研究成果的基础上，拟在如下方面进行创新：

（1）构建了我国政府网站服务体系重构框架，并在此基础上提出优化建议。作为公共服务供给的重要平台，政府网站向公众所展示的更多是一个个页面所承载的服务内容，但这些内容背后具有相应的服务主体、服务需求分析、服务渠道等方面的支撑。比较来看，国外政府在政府网站服务体系重构中的实践较为成熟，为本研究提供了很好的借鉴，但各个国家政府网站服务建设模式不同，这些方法不能直接应用于我国政府网站服务建设。虽然我国部分政府网站也进行了服务体系重构，但是这些实践或者遗留国外的影子，或者仅仅提供成型的政府网站服务内容，而没有考虑背后所支撑的其他要素，也未谈及可供参考的政府网站服务体系重构思路。本书结合我国政府网站服务的现状和特点，深入分析我国在开展政府网站服务建设的特性，通过服务对象、服务内容、服务主体、服务渠道四要素在政府网站服务中的逻辑关系，设计了包括政府网站服务需求分析方式改进、政府网站服务内容重组、政府网站服务主体变革、政府网站服务渠道拓宽的政府网站服务体系重构框架，并提出相应的优化建议。

（2）论证了政府网站服务内容的要素，并提出政府网站服务内容重组路径。本书从政府网站功能定位的角度阐释了政府网站服务内容应该包括的要素，并依照中外政府网站服务内容的演进发展和参照国外国际经验与中国实践，来验证是否成立。在此基础上，本书构建了我国政府网站服务内容重组路径。政府网站服务内容并不是一成不变的，而是随着政府职能的不断演变而做出相应调整。因此，政府网站服务内容的重组所要首先考虑的是这个政府所承担的政府职能，然后才是在这个架构之下再考虑怎样满足用户。

（3）提出了政府网站服务主体变革策略。公众所需的政府网站服务内容既包括一般性、普适性内容，又包括特殊的个性化服务内容，这就使政府仅靠自身力量难以供给，进而对政府网站服务主体提出了变革的要求。本书从广义的政府网站服务主体构成出发，将其进一步划分为单一服务主体型和混合服务主体型，并在比较两者后提出了政府网站服务主体变革策略：在办公厅下设政府CIO 职位来保证政府网站服务供给中"政府主导+市场协同+社会协同"的局面，而且还要加强对企业、第三部门等政府网站服务主体的培育。

第1章 基本概念与理论基础

本章对政府网站服务体系重构研究中所涉及的基本概念，如政府、政府网站、政府网站服务、体系等进行了界定，论述了对本研究具有指导意义的政府职能理论、客户关系管理理论和新公共服务理论。

1.1 基本概念界定

概念引导我们探索[①]。对概念进行明确界定，是进行研究的前提，否则就会失去研究目标和方向。本书在对政府网站服务体系重构所涉及的基本概念进行了界定，并以此为基础展开研究。

1.1.1 政府

"政府"概念存在广义和狭义的界定。广义的政府是指包括立法机关、司法机关、行政机关等在内行使国家权力的所有机关；狭义的政府是指中央和地方各级国家权力机关的执行机关[②]。本书采用狭义的政府概念，而人大、政协等国家机关并不在本书的研究范围内。

1.1.2 政府网站

1.1.2.1 内涵与外延

关于政府网站的定义，各种界定的侧重点不一样。2014 年发布的《国务院

[①] [奥]维特根斯坦. 哲学的逻辑[M]. 商务印书馆，1962：540.

[②] 周向明. 医疗保障权研究[D]. 长春：吉林大学，2006.

办公厅关于加强政府网站信息内容建设的意见》指出："政府网站是信息化条件下政府密切联系人民群众的重要桥梁，也是网络时代政府履行职责的重要平台"[①]。Jaeger 认为，作为电子政务的服务终端，政府网站是政府实现政府信息公开、服务社会大众和企业、方便公众参与的重要渠道；是政府内部的核心政务应用系统和各种业务应用系统整合与交互的平台[②]。李志更和秦浩则认为，政府网站是国家行政机关在互联网上建立的履行职能、面向社会提供公共服务的官方网站[③]。如何理解政府网站，关键不在于其字面表达，而是深层次的价值体现。尽管各个界定略有不同，但这些定义的核心价值都一致，即将政府网站看作政府履行职责、提供公共服务的载体。

理解政府网站还要能够明确政府网站的范围。从电子政务网络上来看，广义的政府网站包括外网、内网、专网，狭义的政府网站则专指提供公共服务的政府外网。由于政府内网和专网主要用于满足各级政府部门内部办公、管理、协调、监督和决策的需要，而政府外网主要用于满足各级政府部门社会管理、公共服务等面向社会服务的需要，因而本文所指的政府网站是狭义的政府网站。

1.1.2.2　类型

从政府网站类型来看，政府网站可以分为政府门户网站和政府部门网站两种类型。政府门户网站是政府网站中的一种，是我国一级政府实现社会公众、企业获取公共服务的重要渠道。例如，Hagedorn 将门户网站定义为"为特定用户提供的一个站点，它通过一个访问点而提供了到达所有服务的道路"[④]。政府门户网站是政府在网络虚拟世界行使职能的代表，各级政府都有自己的门户

---

① 中国政府网. 国务院办公厅关于加强政府网站信息内容建设的意见[EB/OL].[2014-12-2].
http://www.gov.cn/zhengce/content/2014-12/01/content_9283.htm.

② Jaeger P T. Assessing Section 508 Compliance on Federal E-government Web Sites: a Multi-method, User-centered Evaluation of Accessibility for Persons with Disabilities [J]. Government Information Quarterly, 2006, 23(2): 169-190.

③ 李志更，秦浩. 政府网站构建与维护[M]. 北京：中国人事出版社，2011：1.

④ Hagedorn K.The Information Architecture Glossary[EB/OL]. [2014-07-04].
http://argus-acia.com/white_papers/ia_glossary.pdf.

网站，即中央政府门户网站、省级政府门户网站等。政府部门网站即部委或地方政府机关所建设和拥有的网站。与政府门户网站不同的是，政府部门网站主要提供与本部门相关的业务信息和服务事项。政府门户网站与政府部门网站的差异见表 1-1。

表 1-1　政府门户网站与政府部门网站的差异

	政府门户网站	政府部门网站
相同点	依托于互联网； 发布信息，服务公众与企业	
不同点	代表各级政府行使网上发布信息、提供政府服务、开展网上办事、听取公众意见、接受公众监督等职能	根据本部门的职能分别确定网站功能与服务范围
	网站内容应力求反映各级政府全貌，主要发布本级政府的政务信息	主要发布本部门专项信息及根据部门职能开展业务服务
	具有唯一性、综合性与整体性	具有多元性与体现特色
	政府行政管辖区域内所有政府部门网站的统一入口网站	提供相关服务的链接
	其建设与管理一般由各级政府办公厅（室）负责	由各级政府部门自行确定相关单位负责其建设、管理与维护

从政府行政层级来看，政府网站可以划分为一个四个层级的"金字塔"状层级体系。其中，处于顶层的政府网站是中央人民政府门户网站；处于第二层次的包括副省级以上的地方政府门户网站、国务院部委及其所属部门网站，它们对中央人民政府门户网站具有内容保障作用；处于第三个层次的政府网站包括各个地市级政府门户网站、副省级以上地方政府组成部门、直属机构以及垂直管理部门的网站，这些网站对于第二个层次的政府网站提供内容保障；处于第四个层次的政府网站包括县级政府门户网站、地市政府组成部门、直属机构以及垂直管理部门的网站。由此可见，相对于上级政府门户网站而言，政府部门网站在对口业务服务上提供支持，而政府门户网站则是整合政府部门网站业务资源并提供有力的协作平台。但政府门户网站与政府部门网站的保障定位也具有相对性，如相对于上级政府而言，直辖市所属的下级政府网站是基本网站，但相对于本级政府而言，则是门户网站。

1.1.3　政府网站服务

1.1.3.1　内涵与外延

"服务"是经济学的现象和概念，最早将这一概念应用于政府领域的是法国学者莱昂·狄骥。1912年，狄骥提出了"公共服务"概念，认为："任何因其与社会团结的实现与促进不可分割而必须由政府来加以规范和控制的活动就是一项公共服务，只要它具有除非通过政府干预，否则便不能得到保障的特征。"[①]这一概念偏向法治的核心作用，强调政府是公共服务供给的唯一主体，将其视为政府活动的独立类型[②]。随后，"公共服务"伴随着一些理论的演变而呈现不断扩展的趋势。作为组织的政府和非政府公共组织是社会成员出于利益考虑而形成的产物，这一角色决定了它们承担为公民服务的职责，积极回应公民的服务需求。可见，公共服务是政府及非政府公共组织利用公共权力，为满足社会公共需求而提供各种以物质或非物质形态存在的公共物品。

作为一种公共服务，"政府网站服务"的正式定义不多。笔者通过查找资料，仅发现一种定义：政府网站服务是指政府利用信息技术优势，以网络系统为平台，在整合政府部门内部服务资源的基础上，面向社会公众提供全天候、优质化的"一站式"公共服务[③]。与之相关的另一词"政府网站信息服务"则是指为满足公众对公共信息的需求，政府利用各种网络技术、信息技术来收集、加工、处理、发布信息，通过政府网站这一平台向公众提供公共信息服务的过程[④]。但这两个概念不能等同，因为从范围上讲，政府网站信息服务是政府网站服务的一个部分。由以上定义可以看出，政府网站服务在本质上属于

[①] 转引自：张菀洺. 服务型政府塑造——公共服务理论与中国实践[J]. 浙江社会科学，2008(5)：66-71,127.　[法]莱昂·狄骥. 公法的变迁：法律与国家[M]. 郑戈，冷静，译. 沈阳：辽海出版社，1999：446.

[②] 杨超. 我国基本公共服务供给中的政府责任研究[D]. 长春：东北师范大学，2013.

[③] 柳大伟. 地市级政府网站服务功能实现研究——以南宁市政务信息网为例[D]. 南宁：广西大学，2012.

[④] 孙久舒. 基于内容关联的政府网站信息服务模型研究[D]. 长春：吉林大学，2011.

公共服务，是政府利用政府网站这一载体进行公共服务供给。基于上述定义，本书认为，政府网站服务是指政府为满足社会公众的服务需求，利用计算机和网络技术，通过政府网站多途径、多渠道、全天候地为社会公众提供公共服务。

与公共服务不完全相同的是，政府网站服务只是公共服务的子集，因为并非所有公共服务都是通过政府网站提供：在服务的载体上，政府网站服务的载体就是政府网站，而政府公共服务的载体除了政府网站之外，还可以由手机等其他设备。可见，政府网站服务是政府网站与公共服务的交集（见图1-1）。

图1-1　政府网站服务的边界范围

1.1.3.2　特点

政府网站服务是政府网站应用和公共服务创新的结合，具有公共物品的特点。公共物品（Public Goods）最早的理论成果是由瑞典经济学家林达尔（1891—1960年）提出的"林达尔均衡"[①]。然而最直接和最有意义的则是萨缪尔森在1954年《公共支出的纯粹理论》中总结了公共物品的两种特征：非排他性和非竞争性[②]。所谓"非竞争性"指的是任何一个人对该公共物品的消费并不会影响、妨碍、排斥其他人对该产品的消费数量和质量，即消费者人数的增加并不会增加产品边际成本。所谓"非排他性"是指无法在技术上将那些拒绝为之付费的人排除在受益范围之外。

从非竞争性角度来看，政府网站面向全体社会成员，每增加一个用户，并

[①] 转引自：李露芳，何义. 公共经济学视域中的国内农村图书馆普遍服务研究[J]. 图书馆建设，2013(12)：14-18. 珠鄢奋. 现代西方公共产品理论的借鉴与批判[J]. 当代经济研究，2012(10)：54-57.

[②] Samuelson PA.The Pure Theory of Public Expenditure[J].Review of Economics and Statistics, 1954, 36(4): 387-398.

不增加新的投入，不会因为多服务一个人而妨碍或减少其他人从政府网站中得到的服务。从非排他性角度来看，政府网站服务的利益是可以共享的，消费者可以不向提供者付款，即一旦政府网站服务被提供出来以后，国家和政府就不能阻止那些没有分担成本的社会公众免费试用政府网站服务，因而任何用户无法使政府网站只为他一个人服务，而且也无法将其他人对政府网站服务的使用和获益排除在外。由此可见，政府网站服务具备公共物品的特性：非竞争性和非排他性，可以将政府网站服务视作公共物品。

1.1.4　体系

体系是指若干有关事物或某些意识互相联系而形成的一个整体[①]，政府网站服务体系是政府网站服务各要素（服务主体、服务对象、服务内容、服务渠道）共同构成的有机整体。从系统论的角度来看，政府网站服务体系是一个类似于生物学上物种分类的分类系统。这个系统有如下特点：第一，相互关联性。政府网站服务体系如生命有机体一样，而这个有机体是一个互相依赖的系统。正是因为政府网站服务体系是一个系统，其内部各个要素都具有相互关联性。第二，整体性。政府网站服务体系是一个稳定的系统，各个要素不是单独存在的，而是相互密切联系在一个整体的框架中。第三，依赖性。正如任何系统一样，政府网站也面临着功能需求，这是由政府的内在属性决定，因而有什么样的政府网站服务体系，就会具有什么样的政府网站服务功能。

1.2　理 论 基 础

政府网站服务内容是以政府职能为前提，即政府网站所提供的服务内容不能偏离自身职责和业务。将客户关系管理理论引入政府网站服务体系重构，可以体现以用户为中心，为政府网站服务对象及其需求分析提供了思路。新公共

[①] 周行健，余惠邦，杨兴发. 现代汉语规范用法大词典[M]. 北京：学苑出版社，2000：1446.

服务理论则要求政府扮演好政府网站服务主体的角色，关注并倾听公民的服务需求，提供与公共利益密切相关的服务内容，供给方式要符合公民的期望。因此，政府职能理论、客户关系管理理论、新公共服务理论对于政府网站服务体系重构研究提供了理论指导，在分析各理论内容的基础上，探讨了其启示意义。

1.2.1　政府职能理论

1.2.1.1　政府职能的含义

2013 年 3 月，《国务院机构改革和职能转变方案》公布，标志着我国新一轮国务院机构改革正式启动[①]，这也是改革开放以来我国进行的第七次大规模的政府改革。该方案提出："以职能转变为核心，继续简政放权、推进机构改革、完善制度机制、提高行政效能，加快完善社会主义市场经济体制，为全面建成小康社会提供制度保障。"[②]可见，职能转变是此次政府改革的重头戏。关于政府职能定义以及其内容组成，学术界尚未形成统一观点。施雪华认为，政府职能是指政府的行为方向和基本任务，现代政府职能主要包括四个方面，即统治职能、社会管理职能、社会服务职能和社会平衡职能[③]。布坎南将政府职能划分为三个层次："第一，执行现行法律的那些行动；第二，包括现行法律范围内的集体行动的那些活动；第三，包括改变法律本身和现行成套法律规定的那些活动。"[④]郭宝平、余安兴等人认为，有关政府职能的认识大概有三种观点：一是将其视为能力与作用的结合；二是认为它体现的是职责和功能；三是认为它表现为职责和作用[⑤]。据此，本书认为，所谓政府职能，是指政府在公共事务管理当中所承担的基本职责和发挥的功能。政府职能是从应然的角度来说明政府的职责和功能，从而明确了政府活动和实际行动的界限。

[①] 蓝煜昕. 地方政府机构改革轨迹、阶段性特征及其下一步[J]. 改革，2013(9)：13-19.
[②] 蓝煜昕. 地方政府机构改革轨迹、阶段性特征及其下一步[J]. 改革，2013(9)：13-19.
[③] 施雪华. 论政府职能的结构与特性[J]. 中国行政管理，1995(6)：25-27.
[④] 汪小平. 全面推进行政体制改革的措施及意义[J]. 当代经理人，2006(9)：177.
[⑤] 郭宝平，余兴安. 政府研究概览[M]. 太原：山西人民出版社，1992：65.

1.2.1.2　政府职能的转变

经过三十多年的努力，我国政府在职能转变方面已经取得了巨大成就，初步形成了与社会主义市场经济体制相适应的职能体系。国内政府职能理论的发展并不像国外有一条清晰的发展脉络和完善的理论支撑，但其重心的变化是一致的，即"后工业化社会的中心是服务"①。尽管在理论上存在政府与市场之间最佳配置的角色界定，但从实际来看，未能最后给政府职能给定一个最佳的样板和范式，而是呈现出各种因素影响下政府职能的动态性。政府职能是不断发展变化的，并不是一成不变的。由于政治制度、文化传统、经济形态、认知水平等不同，不同社会形态国家的政府、同一社会形态国家的不同时期的政府、同一时期政府的基本职能都会存在差别和变化。

2003 年 10 月，党的十六届三中全会首次将"公共服务"作为政府职能之一。时任国务院总理温家宝在政府工作报告中强调："各级政府要全面履行职能，在继续加强经济调节和市场监管的同时，更加注重履行社会管理和公共服务职能。"②这表明我国政府职能开始朝向公共服务转变。党的十七大对政府职能的界定就更为精准，会上将其划分为经济调节、市场监管、社会管理和公共服务四大项。党的十八大报告提出，要"深入推进政企分开、政资分开、政事分开、政社分开，建设职能科学、结构优化、廉洁高效、人民满意的服务型政府"，"深化行政审批制度改革，继续简政放权，推动政府职能向创造良好发展环境、提供优质公共服务、维护社会公平正义转变"③。2013 年 11 月 15 日发布的《中共中央关于全面深化改革若干重大问题的决定》指出："加强中央政府宏观调控职责和能力，加强地方政府公共服务、市场监管、社会管理、环境保护等职责。"④过去政府职能的标准化表达是："经济调节、市场监管、公共服务、社会管理"，而此次则对上述表达进一步深化，不仅将"宏观调控"

---

① [美]丹尼尔·贝尔. 资本主义文化矛盾[M]. 赵一凡等，译. 北京：生活·读书·新知三联书店，1989：198.

② 张霞. 新形势下政府公共服务职能研究[D]. 成都：电子科技大学，2006.

③ 蓝煜昕. 地方政府机构改革轨迹、阶段性特征及其下一步[J]. 改革，2013(9)：13-19.

④ 人民日报. 中共中央关于全面深化改革若干重大问题的决定[EB/OL].[2014-10-23].
http://paper.people.com.cn/rmrbhwb/html/2013-11/16/content_1325398.htm.

来代替过去的"经济调节",而且将"环境保护"职能单独列举出来。

1.2.1.3　基于政府职能的政府网站服务架构分析

现代化进程中各个国家政府职能的转变方向是服务。公共服务是政府职能的一个组成部分,公共服务供给的过程就是发挥政府职能的过程。因此,作为供给机构,政府应扮演着政府网站服务责任主体中的主角,成为这一资源的主导配置者。政府职能与政府网站服务之间存在相互依存关系。一方面,政府网站服务是重要政府职能,尤其是越来越多的政府将公共服务作为政府职能重心。作为公共服务的政府网站服务需要政府进行业务流程再造,不断调整制度安排,从而为政府职能转变提供有效途径。另一方面,政府网站服务内容是政府的业务应用,即政府职能的网上实现。政府网站的工作应以政府业务为基础,而目前部分政府网站服务内容偏离政府业务,网站充斥着大量的行业新闻、业界动态等信息,真正与本部门业务相关的信息和服务少之又少,出现网站和业务工作"两张皮"现象。

因此,政府网站服务设计必须有明确的目标定位,而这一定位是以政府职能为基础的。对于不同的政府网站应尽早进行定位,以防止不同级别的政府网站相互模仿,最后导致各级政府网站远离自身应当发挥的主要作用。起初,这种无方向的模仿可能危害不大,但一旦触及后台业务流重构与资源整合,就有可能出现混乱与资源浪费,甚至不利于电子政务持续发展。所谓定位,涉及更多的是不同级别的政府网站的功能范围与权限范围的定位,而这些则是取决于本级政府的政府职能。因此,各级政府门户网站要严格依照《宪法》和《地方组织法》来确定服务业务,而中央部委和地方各个职能部门网站则依照"三定"方案来确定。

1.2.2　客户关系管理理论

1.2.2.1　客户关系管理的定义

客户关系管理(CRM)的思想自古就有,这一理念源自于西方的市场营销理论,起源于 20 世纪 80 年代的"接触管理",即专门收集和整理客户与公司进行联系的所有信息，而到 1990 年则演变为包括电话服务中心支持资料分析的客户关怀。客户关系管理是企业在信息时代营销管理的全面解决方案，是企业抓住市场的有力工具。客户关系管理这一概念由美国咨询公司 Gartner Group 于 1997 年最早提出，该公司认为，客户关系管理是一种"以客户为中心"的企业商务战略，为企业提供全方位的管理视角，赋予企业更完善的客户交互能力，使客户收益最大化的同时，实现企业与客户的双赢[①]。Gartner 强调的客户关系管理是一种商业战略，而不是一套系统，而且界定的范围定位在企业。Winer 认为，客户关系管理应该至少包括以下七个基本过程：客户行为数据库、数据库分析、客户选择、客户定位、关系营销、私人交流、客户关系管理项目成功与否的评判标准[②]。

尽管研究者和机构对客户关系管理的定义存在一定分歧，但也通常将其理解为管理理念、管理信息系统、管理机制三个维度，其中物质基础是信息技术。首先，客户关系管理吸收了营销学中关系营销、数据库营销、一对一营销的思想，强调收集和处理客户数据、识别客户和服务客户化、提高客户忠诚度。其次，客户关系管理利用各种信息技术，使得企业在销售、客户服务等方面实现企业流程信息化，构建一个能辅助企业业务活动和管理活动的应用系统。再则，客户关系管理是严格的管理机制，能够帮助企业通过一定的组织方式来管理客户，如实施客户数据收集、分析以及相关工作。最后，信息技术是客户关系管理的推动力。诸如知识发现技术、数据仓库技术、数据挖掘技术等新技术，能有效促进信息获取、客户细分、模式发觉，从而促进客户至上的积累和共享。

1.2.2.2　客户关系管理的内涵

第一，客户关系管理注重客户识别与细分。受客户关系管理的指引，企业越来越意识到庞大客户群体中所具有的价值。企业与客户建立关系之前，必须要了解并识别客户，让每一次交易都不至于成为一个孤立行为。企业为了提高

---

① 周斌. 客户关系管理对电子政务的借鉴[J]. 同济大学学报(社会科学版)，2005(4)：109-114, 119.

② Winer RS.A Framework for Customer Relationship Management[J].California Management Revirew, 2001,43(4)：89-105.

识别客户的能力，会采取营销方案、会员制等方式来了解客户，并在后续交易中通过客户所登记的手机号码等方式来识别客户。企业开展客户识别后，下一步的关键就是如何发现客户的真正需求，这也是企业构建有效客户关系的根本出发点。通常，企业能够依照客户的不同需求而将它们集中起来，而这背后的细分战略的逻辑基本相同：并非所有客户都是一样的；具有同类价值观和行为的客户群体是可以确定的；针对类似客户所构成的群体需求所采取的营销方式，会比针对不同客户所组成的群体需求所采取的营销方式更有效。

第二，客户关系管理强调以客户为中心。客户关系管理要求企业从"以产品为中心"的业务模式转向"以客户为中心"的模式。传统"以产品为中心"的营销理念指导企业围绕产品（Product）、价格（Price）、地点（Place）、促销（Promotion）的 4P 展开营销管理，强调产品按照定价顺利销售出去，但没有真正重视客户的个性化需求，而"以客户为中心"的营销理论则强调客户（Customer）、成本（Cost）、渠道（Channel）、方便性（Convenience）的 4C 模式。在传统时期，由于产品供给不足，因而企业生产什么，就提供什么产品。随着市场竞争的加剧，企业也关注产品价格和质量以及各种销售技巧。这一观念使得客户对于产品的选择权加大，但客户需求仍没有被充分重视。为此，企业开始用"以客户为中心"的理念，不得不开始关注客户的需求，并完全改变企业的生产组织方式和管理方式。

第三，客户忠诚是客户关系管理追求的理想。客户关系管理吸收了关系营销学的相关理念，即认识客户关系在企业经营中的地位。"关系营销"的概念是由 Berry 首次提出的，他将关系营销定义为"培养、维护和强化客户关系"，并随后进一步完善为"通过满足客户的想法和需求进而赢得客户的偏爱和忠诚"[1]。关系营销学强调运用各种工具和手段，培养、发展和维持与客户之间的亲密关系，从而实现对客户的挽留[2]。对于各种规模的企业而言，忠诚的客户关系是一项重要的资产，尽管这关系并不能以货币形式呈现在公司财务

---

[1] 转引自：瞿艳平. 国内外客户关系管理理论研究述评与展望[J]. 财经论丛，2011(158)：111-116. Berry LL. Relationship Marketing of Service-growing Interest[J].Journal of the Academy of Marketing Science, 1985(2): 236-245.

[2] 瞿艳平. 国内外客户关系管理理论研究述评与展望[J]. 财经论丛，2011(158)：111-116.

当中，但它的确存在于企业日常运营当中。

1.2.2.3　客户关系管理在政府网站中的全新内涵

客户关系管理源自于企业，其初衷是通过整合客户的相关信息来提供产品和服务，从而最终获得最大利润。为此，企业通过应用客户关系管理，旨在维持忠诚的客户，而对那些没有价值的客户则可置之不理，如此才能在激烈竞争中处于不败之地。与企业追求利润的动机不同，政府不存在企业之间的竞争，而且政府所追求的是公共利益，因而对任何阶层、种族、背景的公民都平等对待，不区别对待服务对象，但这并不意味客户关系管理在政府网站领域没有应用价值。相反，政府职能以及实施政府网站的目标与客户关系管理的思想理念和原则方法有密切关系。

第一，注重政府网站用户识别和需求分析。政府网站要识别客户并进行适当客户细分，如划分为政府、企业、社会公众、非营利组织等。例如，新加坡政府网站是按照用户对象来设置各种分类的，在页面的布局上分别是政府（GOVERMENT）、公民与居民（CITIZENS&RESIDENTS）、企业（BUSINESSES）和外国人（NON-RESIDENTS）四个频道，针对每个频道的访问者设置相应的服务栏目。有价值的用户识别出来之后，如何分析这些用户需求并维护好这些用户，就是客户关系管理的另外一项重要任务。例如，国家信息中心提出的基于用户体验的政府网站绩效评估指标中，有一项指标为用户回访率，该指标专门考察政府网站保持客户的程度。所谓用户回访率，就是考察特定时段内两次或两次以上访问网站的用户比例（即老用户比例），反映网站用户的忠诚度[①]。

第二，政府网站服务内容供给的核心是"以用户为中心"。政府网站的服务对象主要是公民，将客户关系管理模式在客户服务领域的相关思想和方法用于政府网站领域，使得政府更好地了解公众需求，从而不断有针对性地提供服务内容。过去，由于公共事务较为单一，政府网站则是基于政府自身提供相应服务内容，而让用户被动接受。如今，政府网站是电子政务面向公众的主要

---

① 王璟璇，杨道玲. 基于用户体验的政府网站绩效评估：探索与实践[J]. 电子政务，
　2014(5)：35-41.

窗口，应该坚持"以人为本"，以服务对象为中心，把人民需求作为政府网站建设的出发点和落脚点，提高政府网站公共服务的用户满意度，加强公众对政府服务的信任。

第三，创新政府网站服务渠道，提高政府网站公众忠诚度。"顾客满意度是顾客忠诚度的一个重要指标"①。对满意度的重视最早来源于私营部门，私营部门出于营利的考虑，会关注客户对其产品的满意程度。确切来讲，满意度是用户根据自身体验结果与期望值之间进行比较而得出的主观性评价。可见，政府网站的满意度是指公众对政府网站的实际感知和期望值之间进行比较的程度，即用户对获取政府网站的相关功能要求被满足程度的感受。在当前的多媒体环境下，用户不再仅仅倾向通过政府网站获取信息和服务，而且期望通过微博等社交网络进行获取。这意味着在服务渠道上，无论是政府网站的服务渠道还是基于政府网站的分销渠道，都应当给用户提供便利。为此，政府应当基于政府网站来运用各种媒介，以此培养和维护政府与用户在整个互联网中的关系，从而加强政府网站对用户的挽留。

1.2.3 新公共服务理论

1.2.3.1 新公共服务理论的发展

随着信息化时代的到来，以美国、英国和新西兰为代表的西方各国纷纷掀起政府改革的浪潮，成为新公共管理运动中的显著的国际性趋势②。以企业家政府理论为代表的新公共管理理论对美国行政体制改革产生重大影响，主要强调管理的自由化和管理的市场化取向。奥斯本提出的企业家政府理论认为，政府在整个社会中的存在和发展是必需的，但是政府自身所起到的作用并不令人满意，缺乏高效的运作。因此，奥斯本试图把企业经营管理的一些成功方法移植到公共部门来，使公共部门能够像企业那样，合理利用资源，注重投入产

---

① Heskett JL, et all. Putting the Service-profit Chain to Work[J]. Harvard Business Review, 1994, 72(2): 164-74.
② HOOD C. A Public Management for All Seasons[J]. Public Administration, 1991, 69(1): 3-19.

出，提高运作效率①。然而，企业家政府力量在风靡的同时也遭受一些批评，例如，新公共行政学派代表者弗雷德里克森指出："新公共行政致力于有效的公共服务，重视公共行政的论理性……但在新公共管理那里，公共服务是空洞的。"②在这些批评中，能替代新公共管理理论尤其是企业家政府理论而被提出的则是 20 世纪 90 年代由美国行政学家登哈特夫妇提出的新公共服务理论。

1.2.3.2　新公共服务理论的内涵

登哈特夫妇提出的新公共服务理论以民主公民权理论、社区与公民社会、组织人本主义和新公共行政理论以及后现代公共行政理论作为理论先驱，提出一个重视民主、公民权、公共利益的理论框架③。所谓"新公共服务"，指的是关于公共行政在以公民为中心的治理系统中所扮演的角色的一套理念④。具体而言，有如下七个方面的内容：

（1）政府的职能是服务，而不是"掌舵"。不同于传统公共行政所强调的层级制管理，新公共服务主张政府不再通过管制和命令来指挥公民行动，而是为公共事务治理的各个组织提供一个协商的渠道和平台，即政府的角色是服务者。

（2）公共利益是目标而非副产品。政府公务人员应当形成公共利益理念，而并非基于自身个人利益来进行公共事务治理。在新公共服务理论看来，政府应该鼓励公民关注更大的社区，鼓励公民致力于超越短期利益的事情并且愿意为自己邻里和社区中所发生的事情承担个人的责任⑤。

① [美]戴维·奥斯本等. 改革政府——企业精神如何改革着公管部门[M]. 周敦仁等，译. 上海：上海译文出版社，1996：97-136.
② [美]乔治·弗雷德里克森. 公共行政的精神[M]. 张成福，刘霞，张璋，孟庆存，译. 北京：中国人民大学出版社，2013：4.
③ 陈建平. "新公共服务"的公共理性诉求[J]. 上海行政学院学报，2007(2)：61-68.
④ 转引自：陈建平. "新公共服务"的公共理性诉求[J]. 上海行政学院学报，2007(2)：61-68. [美]珍妮特·登哈特，罗伯特·登哈特. 新公共服务：服务，而不是掌舵[M]. 丁煌，译. 北京：中国人民大学出版社，2004：6.
⑤ 转引自：邱荷. 新公共服务的理论反思[J]. 边疆经济与文化，2008(5)：43-45. [美]珍妮特·登哈特，罗伯特·登哈特. 新公共服务：服务，而不是掌舵[M]. 丁煌，译. 北京：中国人民大学出版社，2004：77.

（3）思想上要有战略性，行动上要有民主性。政府及其工作人员需要具有战略性眼光，并纳入公共事务治理所需的各方力量，从而通过集体行动来解决问题。在新公共服务中，它是要把在设计和执行将会朝着预期方向进展的项目的过程中的各方联合起来①。

（4）为公民服务，而非顾客。与新公共管理理论所追求的顾客个人利益的简单叠加不同的是，新公共服务理论把服务对象定位在公民而非顾客。作为经济市场的"顾客"主要追求尽可能多的实现个人体系，而作为政治市场的"公民"则是社会环境中基于集体性的权利享有者，其责任问题极为复杂。

（5）责任并不简单。新公共服务所需关注的责任不仅关注市场，还关注宪法法律、政治规范、职业标准、公民利益等②。这与新公共管理是不同的，在新公共管理理论下，政府主要关注市场和效益。

（6）重视人而非生产率。传统公共行政强调通过规制来控制人以提升行政效率③，新公共管理则从"经济人假定"的角度来激励人以实现生产率，但新公共服务理论则主张管理过程中要尊重人、重视人。可见，前者更多体现管理主义，而后者则是人本主义。

（7）公民权利和公共服务比企业家精神更重要。在新公共管理理论下，政府及其工作人员扮演着企业家精神的身份，主要面向顾客进行服务，但新公共服务理论则强调重视公民权和公共服务，设身处地为公民服务。在新公共服务理论家看来，行政官员有责任担当公共资源的管理员④。

1.2.3.3　新公共服务理论的应用

探讨政府网站服务，以明确政府网站的服务定位和提升公众满意度，不仅是新公共服务理论的内在要求，亦是服务型政府构建的现实需要。新公共服务理论"主张用一种基于公民权、民主和为公共利益服务的新公共服务模式来替

---

① 孟艳. 公务员角色的重新定位——基于登哈特的新公共服务理论[D]. 长沙：湖南师范大学，2010.
② 陈建平. "新公共服务"的公共理性诉求[J]. 上海行政学院学报，2007(2)：61-68.
③ 邓念国. 新公共服务理论的民主意蕴及其实现路径[J]. 江海学刊，2008(3)：106-110.
④ 杜俊霞，薛龙. 浅谈新公共服务理论[J]. 中国集体经济，2011(19)：79-80.

代当前的那些基于经济理论和自我利益的主导模式"①。该理论对于开展政府网站服务体系重构研究所产生的启示主要表现在如下方面：

第一，政府应由掌舵转向服务，扮演好政府网站服务主体的角色，以政府网站作为公共服务供给的载体，向社会公众提供高质量的服务。第二，面对包括顾客在内的不同类别服务对象，新公共服务要求政府应将服务对象定位于公民而不是"顾客"，重视社会公众的呼声，帮助社会公众表达与实现其需求。因此，在政府网站服务供给过程中，政府应当倾听公民需求，而且更大程度上针对公民的服务需求提供规范性服务。第三，政府要重视思想和行动，因而只有良好的政府网站，才能最大限度地提供与公共利益密切相关的公共事务等服务内容，让公众真正享受到"一站式"服务。第四，在提供政府网站服务的过程中，政府不能只满足于提供公共服务内容，而且要着眼于公共服务的供给方式是否符合公民的期望，让公民满意。换言之，政府应该承担公共责任，为公共服务供给之使命而尽责，而这一责任是否得以落实，则需要政府网站服务由过去单一渠道，向公民期望的多种渠道延伸。

1.3　本章小结

本章为基本概念与理论基础，其中基本概念部分界定了政府网站服务体系重构所涉及的基本概念，包括政府、政府网站、政府网站服务、体系；理论基础部分则包括政府职能理论、客户关系管理理论、新公共服务理论，探讨三个理论对本书研究的理论支撑和指导作用，为后续研究提供理论基础。

---

① 张练. 新公共服务视角下的服务型政府建设[J]. 长春理工大学学报（社会科学版），2009(5)：695-696，699.

第 2 章　我国政府网站服务体系的现状研究

把握我国当前政府网站服务体系现状，是我们探讨政府网站服务体系重构的现实基础。对政府网站服务体系进行调查，有利于认识当前我国政府网站服务体系的不足，从而提出符合当前实际情况的政府网站服务体系重构对策。本章对我国的政府网站服务体系现状进行了调研，结合前述研究、现状调研以及已有的政府网站服务体系重构而设计了我国政府网站服务体系重构的基本框架。

2.1　我国政府网站服务体系的现状调查与分析

对于政府网站而言，行政改革促使政府网站服务的服务主体、服务内容、服务渠道以及用户对于政府网站服务的需求都处于不断变化之中，使得把握政府网站服务体系现状就显得尤为重要。

2.1.1　调查对象和调查方法

2.1.1.1　调查对象

调查对象的选取应当考虑同质性和异质性问题。在本调查中，同质性即选取的样本之间都是政府网站；异质性则是尽可能选取不同地区的政府门户网站以及不同职能的政府部门网站。关于质性研究的样本数量，理想的情况应该是能够达到研究者所需数量的饱和为止，然而由于人力、物力等方面限制，样本数量往往不高，但 McCrack 曾提出："对于通常的质性研究项目而言，8 个样本即足够。"①在本研究中，笔者一共确定了 407 个政府网站来调查其服务主体情况以及 329 个地市级政府网站来调查其服务内容情况，并选择 5 个政府门户网站和 5 个政府部门网站作为深度访谈对象来了解政府网站服务所面临的问题。具体而言，本调查的对象包括如下方面：

第一，以中国省级政府以及中央政府门户网站中所列举国务院组织机构②为样本，调查政府网站服务主体情况。从行政层级上来看，自上而下各个层级政府之间属于行政隶属关系，而政府职能部门自上而下则是垂直管理，它们之间属于业务指导关系。因此，在对政府网站服务主体进行调查时，则是选择省级政府门户网站以及中央政府部门网站为代表。我国一共有 35 个（包括港澳台）省级政府和 77 个中央政府部门（国务院组成部门 25 个、直属特设机构 1 个、直属机构 15 个、办事机构 4 个、直属事业单位 13 个、部委管理的国家局 16 个、议事协调机构单设的办事机构 3 个）。其中，由于没有在互联网上查找到相应网站管理办法或者该网站的相关负责人联系方式，因而有如下 4 个政府门户网站和 29 个政府部门网站不明确其服务主体，这些分别是①省级政府：山东、香港、澳门、台湾；②国务院组成部门：外交部、国防部、公安部、监察部；③国务院直属机构：海关总署、宗教局、国家机关事务管理总局、国务院参事室；④国务院办事机构：国务院侨办、国务院港澳办；⑤国务院直属事业单位：新华社、中国社科院、中国银监会、中国保监会、国家自然科学基金委员会、中国科学院、中国工程院、国家行政学院、全国社保基金理事会；⑥国务院部委管理的国家局：国家能源局、国家公务员局、国家外汇管理局、国家国防科技工业局、中医药管理局；⑦国务院议事协调机构：国务院扶贫开发领导小组办公室、国务院三峡工程建设委员会办公室、国务院南水北调工程建设委员会办公室。其中，台湾门户网站无法打开，国家安全部、国务院研究室没有网站，国家煤矿安全监察局与国家安全生产监督管理总局为一个网站，因此最终选定的政府网站有 78 个。

---

① 王啸天. 老年慢性病痛心理因素的质性研究[D]. 上海：华东师范大学，2009.
② 中国政府网. 组织机构_国务院_中国政府网[EB/OL]. [2014-11-4]. http://www.gov.cn/guowuyuan/gwy_zzjg.htm.

第二，以全国副省级城市、计划单列市、地级市、地区、自治州、盟的门户网站为样本，调查网站服务内容。其中，台湾的台北市和高雄市政府门户网站无法访问，西藏的日喀则地区和那曲地区没有政府门户网站，辽宁的本溪市政府门户网站正在升级改版，暂时无法访问，辽宁的阜新市政府门户网站无法打开，因而在335个网站中确定了329个。

第三，以5个政府门户网站和5个政府部门网站为对象，同这些网站的管理人员进行访谈，就政府网站服务主体、服务需求分析、服务内容以及政府网站服务渠道方面所存在的问题进行深度交流。

2.1.1.2　调查方法

调查方法包括实地调研、网络调查、访谈、直接访问网站四种。实地调研是观察政府网站的实际运作情况，了解政府网站服务的进展情况以及对工作中所面临的问题进行调查研究。由于时间、人力等方面的限制，不可能到每个地方进行调研来全面了解政府网站服务情况，因而笔者通过电子邮件就政府网站服务主体情况咨询省级政府门户网站和中央部委网站的相关工作人员，核心问题有两个：一是"政府网站的主管部门是谁"，二是"政府网站的主要承办部门是谁"。针对无法获取相关负责人电子邮件或联系方式的政府网站，笔者则采取在互联网上查找网站管理办法来明确该政府网站服务供给的组织结构。访谈能够详细深入了解政府网站服务所面临的问题，笔者的访谈对象主要针对政府网站相关负责人，访谈内容包括：①是否需要对政府网站服务进行体系重构？②若需要体系重构，我国在这方面有哪些举措，体系重构应该如何开展，还存在哪些困难？③结合现有研究成果，笔者草拟了政府网站服务体系重构的框架（包括政府网站服务需求分析方式改进、政府网站服务内容重组、政府网站服务主体变革、政府网站服务渠道拓宽），您看这个框架及内容是否符合我国政府网站服务的实际情况？还存在哪些问题？为什么？访谈时间为2014年6月。此外，笔者通过直接访问网站来详细深入了解政府网站服务内容架构。直接访问网站的持续时间为2014年3月至2014年4月。

2.1.2　调查结果与分析

2.1.2.1　政府网站服务需求分析

通过与 A 市、B 省、C 市、D 市、E 省、F 省、G 部、H 部、I 部、J 部这 10 个政府网站管理人员进行访谈发现，随着网民规模的不断壮大，要求政府必须重视互联网上这个新的社会群体及其所反映的各种社会现象，实时响应公众需求，提供优质服务。从发展理念而言，政府网站特别突出以用户需求为导向，从用户访问的角度来规划和设计政府网站。无论是相关政策文件，还是各类咨询公司也在试图用诸如问卷调查等方式来了解用户需求。伴随政府网站发展进入海量数据时代，政府网站管理人员也强调了基于海量数据分析的政府网站服务需求分析。例如，在对 10 个政府网站管理人员进行访谈中，E 省、F 省、G 部、H 部、I 部强调，政府网站要从供给导向向需求导向转变，利用大数据分析技术，全面掌握和了解用户的使用习惯。

2.1.2.2　政府网站服务内容

政府网站栏目是政府网站服务内容的归类体系，能向用户直接指向政府网站的服务内容。政府网站一级栏目能呈现面向用户的政府网站服务内容优化理念。例如，改版后，美国秉持"Made Easy"这一新理念，将政府网站栏目整合并精简为三个一级栏目。从用户的角度来看，政府网站栏目是政府网站服务内容组织的基本单元，而政府网站栏目组织方式则会决定向用户所呈现的服务界面。可见，政府网站一级栏目以及栏目组织方式会映射到政府网站服务内容，这两方面也有助于从服务供给视角来规范政府网站服务内容建设。因此，笔者于2014年3月通过直接访问网站的方式对全国335个副省级城市、计划单列市、地级市、地区、自治州、盟（以下简称地级市）的 329 个地级市的政府网站服务内容进行了比较。通过对 329 家地级市政府门户网站的一级栏目进行统计（见图 2-1），统计得出网站一级栏目平均数为 6.6 个。

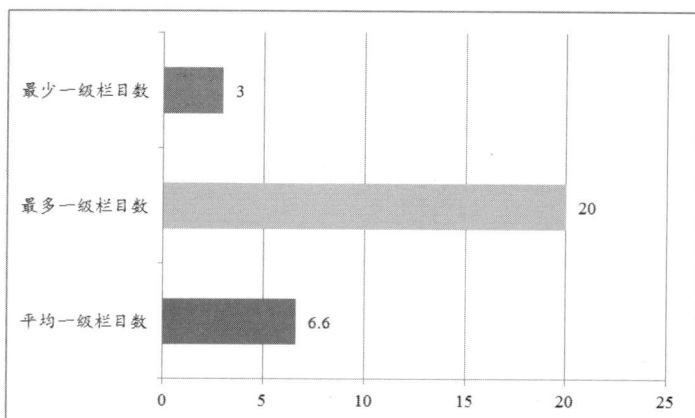

图 2-1　政府网站一级栏目数情况

网站栏目最多的是云南省文山州和河北省石家庄市，为 20 个（见图 2-2）；最少的为 3 个，如宁波市、济南市等，地级市政府门户网站普遍具有的一级栏目为信息公开、网上办事、政民互动和 XX 概况四大栏目。

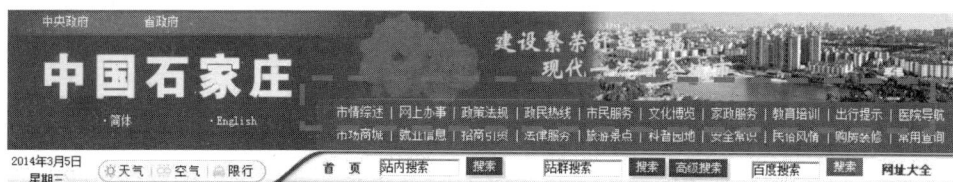

图 2-2　政府网站一级栏目设置（石家庄市）

通过对 329 家地级市政府门户网站进行统计，发现网站一级栏目数量分布如图 2-3 所示。

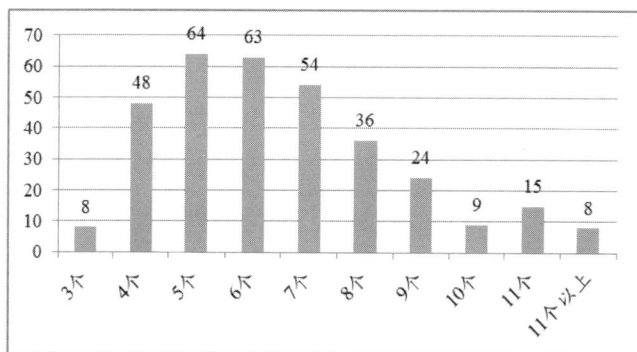

图 2-3　政府网站的一级栏目数量分布

由图 2-3 可以看出，地级市政府门户网站的一级栏目数量主要集中在 5~8 个的有 215 个，占总数的 66%，符合栏目设置的最佳实践。一级栏目数为 3 个的地级市政府网站见表 2-1。

表 2-1　一级栏目数为 3 个的地级市政府网站列表

省　　份	地　级　市	一　级　栏　目
浙江	宁波市	公民站、企业站、政府站
山东	济南市	市民及来访者、政府及公务员、企业及投资者
青海	黄南州	领导之窗、政府信息公开、专题专栏
福建	福州市	政风行风、在线办事、互动交流
江苏	南京市	政府、企业、市民
江苏	连云港市	信息公开、公共服务、公众参与
河北	沧州市	政务分站、经济分站、民生分站
安徽	马鞍山市	政务公开、网上办事、互动交流

由表 2-1 可以看出，一部分网站的一级栏目是按照用户类型划分进行设置的，一般将用户分为政府、企业、市民三大类。但是，也有部分地级市政府门户网站的一级栏目超过 9 个（见表 2-2），有 32 家。对丁政府网站，一级栏目不宜设置过多，设置过多不利于用户的记忆查找，同时易造成栏目之间内容的交叉重叠。

表 2-2　一级栏目超过 9 个的地级市政府网站

省　　份	地　级　市	一级栏目数
山西	吕梁市	10
黑龙江	牡丹江市	13
黑龙江	七台河市	11
黑龙江	大兴安岭地区	10
甘肃	天水市	11
甘肃	酒泉市	11
甘肃	定西市	10
甘肃	陇南市	11
云南	昭通市	11

续表

省　份	地　级　市	一级栏目数
云南	丽江市	12
云南	普洱市	11
云南	文山州	20
云南	大理州	10
四川	眉山市	11
广西	玉林市	12
广西	来宾市	11
青海	玉树州	11
宁夏	吴忠市	11
陕西	渭南市	11
河南	驻马店市	11
福建	莆田市	11
西藏	阿里地区	10
西藏	林芝地区	10
新疆	哈密地区	13
新疆	克孜勒苏州	11
内蒙古	通辽市	10
内蒙古	兴安盟	12
河北	石家庄市	20
河北	承德市	13
吉林	四平市	10
辽宁	丹东市	11
安徽	合肥市	10

从表 2-2 可以看出，网站一级栏目数量超过 9 个的地级市主要集中在大陆省份，尤以云南、甘肃、黑龙江为多。有 51 个地级市政府门户网站的一级栏目中不完全包含信息公开、网上办事和政民互动这三个栏目，其中 10 个网站是按照用户类型划分进行栏目设置的，剩下的 41 个网站见表 2-3。

表 2-3　不齐全的地级市政府网站列表

省　份	地　级　市	三　大　栏　目
云南	迪庆州	无网上办事、政民互动
云南	楚雄州	无政民互动
云南	曲靖市	无政民互动
云南	保山市	无网上办事
云南	德宏州	无政民互动
云南	怒江州	无政民互动
云南	丽江市	无网上办事
云南	西双版纳州	无政民互动
云南	普洱市	无政民互动
宁夏	吴忠市	无政民互动
宁夏	中卫市	无网上办事
宁夏	银川市	无网上办事、政民互动
西藏	山南地区	无网上办事、政民互动
西藏	昌都地区	无信息公开、网上办事
西藏	阿里地区	无政民互动
新疆	巴音郭楞州	无政民互动
新疆	喀什地区	无网上办事、政民互动
河南	驻马店市	无网上办事、政民互动
广东	肇庆市	无三大栏目
四川	德阳市	无政民互动
江西	新余市	无三大栏目
广西	来宾市	无政民互动
广西	河池市	无政民互动
广西	桂林市	无政民互动
广西	贺州市	无政民互动
广西	崇左市	无政民互动
青海	黄南州	无网上办事、政民互动
青海	海南州	无政民互动
青海	海北州	无政民互动
青海	玉树州	无政民互动

续表

省　份	地　级　市	三　大　栏　目
黑龙江	大庆市	无三大栏目
黑龙江	鹤岗市	无政民互动
黑龙江	鸡西市	无政民互动
内蒙古	呼伦贝尔市	无网上办事
内蒙古	兴安盟	无网上办事
辽宁	辽阳市	无网上办事
辽宁	丹东市	无网上办事
甘肃	陇南市	无政民互动
甘肃	酒泉市	无网上办事、政民互动
吉林	白山市	无三大栏目
湖北	武汉市	无政民互动

由表 2-3 可以看出，在三大栏目不齐全的地级市政府网站中，以云南省最多，有 9 个，第二是广西壮族自治区，有 5 个，其次是青海、宁夏、黑龙江和西藏，主要集中在西部地区。

2.1.2.3 政府网站服务主体

通过电子邮件咨询、互联网上查找《政府网站管理办法》而制定表 2-4。

表 2-4　政府网站运行的相关主体

类　别	网站所属省或机构	主 管 部 门	主要承办部门	相关部门或单位
地方政府（31 个）	北京	北京市信息化工作领导小组	首都之窗运行管理中心	—
	河北	政府网站建设协调小组	政府网站管理中心	
	山西	政府门户网站协调工作领导组	政府办公厅技术中心	
	天津	办公厅	信息处	—
	辽宁	办公厅	电子政务办公室	—

续表

类　　别	网站所属省或机构	主 管 部 门	主要承办部门	相关部门或单位
地方政府（31 个）	黑龙江	办公厅	政务信息化管理服务中心	东北网（协办）
	江西	办公厅	信息中心	—
	重庆	办公厅	电子政务办公室	—
	河南	办公厅	河南日报	—
	湖北	办公厅	湖北日报	—
	广东	办公厅	南方新闻网	广东经济和信息化委员会（业务相关）
	广西	办公厅	—	—
	四川	办公厅	电子政务外网运营中心	中国电信四川公司（协办）
	贵州	办公厅	电子政务处	政府门户网站运行协调管理办公室（业务相关）
	云南	办公厅	电子政务网络管理中心	—
	甘肃	办公厅	网站管理中心	省电子政务办、信息公开办、办公自动化技术服务中心（保障）
	青海	宣传部	青海国际互联网新闻中心	—
	陕西	办公厅	电子政务办公室	—
	宁夏	办公厅	办公自动化建设管理办公室	—
	新疆	办公厅	电子政务办公室	—
	新疆生产建设兵团	办公厅	兵团信息技术服务中心	—
	内蒙古	办公厅	电子政务处	—
	吉林	办公厅	网站管理办公室	—
	上海	办公厅	上海市政府公众信息网管理中心	政府信息公开办、政务办（业务相关）

续表

类　别	网站所属省或机构	主　管　部　门	主要承办部门	相关部门或单位
地方政府（31个）	江苏	办公厅	政府信息公开办公室	—
	浙江	办公厅	浙江省行政首脑机关信息中心	中国移动通信集团浙江分公司、中国电信股份有限公司浙江分公司（协作）、南京大汉科技（技术支持）
	安徽	办公厅	经济信息中心	政府信息公开领导小组
	福建	办公厅	经济信息中心	—
	湖南	办公厅	经济研究信息中心	湖南浩基信息技术有限公司（技术支持）
	海南	办公厅	政府网站运行管理中心	工信厅（技术保障）
	西藏	办公厅	电子政务中心	—
国务院组成部门（20个）	国家发改委	办公厅	电子政务处	国家信息中心、中国经济信息网（技术支持）
	科技部	办公厅	信息中心	—
	国家民委	办公厅	国家民委舆情中心	
	民政部	信息化建设领导小组	信息中心	
	财政部	办公厅	电子政务处	
	国土资源部	办公厅	信息中心	
	住房和城乡建设部	办公厅	信息中心	
	水利部	办公厅	信息中心	
	商务部	电子商务和信息化司	公共服务处	国富通信息技术发展有限公司（技术支持）
	国家卫生计生委	宣传司	统计信息中心	
	审计署	办公厅	新闻处	审计署计算机技术中心（技术支持）
	教育部	办公厅	教育管理信息中心	—

续表

类　　别	网站所属省或机构	主管部门	主要承办部门	相关部门或单位
国务院组成部门（20 个）	工信部	办公厅	信息中心	—
	司法部	办公厅	法制日报	法制宣传司
	人力资源和社会保障部	办公厅	信息中心	宣传中心（网站新闻宣传栏目的管理）
	环保部	办公厅	信息中心	
	交通部	科技司	交通运输部科学研究院	—
	农业部	市场与经济信息司	信息中心	—
	文化部	办公厅	信息中心	—
	中国人民银行	办公厅	新闻处	党政综合处（政务公开）
国务院直属特设机构（1 个）	国家资产监督委员会	办公厅	信息中心	新闻中心网络处（微博、微信）
国务院直属机构（11 个）	国家工商总局	办公厅	经济信息中心	外网网站处新闻处（管理内容，与工商报联系收取新闻信息在网站发表）
	新闻出版广电总局	办公厅	信息中心	—
	国家安全监管总局	宣教办	通信信息中心	国家安全监管总局调度统计司、中国安全生产报社、中国煤炭报社（协办）；安全监管总局办公厅、政策法规司（网站政务信息发布进行监督指导）
	国家统计局	办公室	统计资料管理中心	—
	国家知识产权局	办公室	知识产权出版社	—

续表

类　　别	网站所属省或机构	主 管 部 门	主要承办部门	相关部门或单位
国务院直属机构（11个）	国家税务总局	办公厅	办公厅	电子税务管理中心（网站技术设计、技术运维和安全管理）、纳税服务司（纳税服务及征纳互动频道相关栏目的管理）、征管和科技发展司（网站总体技术规划）、集中采购中心（设备及软件开发维护的采购）、电子政务办公室（内网外网OA）、新闻宣传办公室（处理依申请公开）
	国家质检总局	办公厅	信息中心	—
	国家体育总局	办公厅	体育信息中心	—
	国家食品药品监管局	办公厅	信息中心	新闻宣传司、信息促进司（网站内容发布，规范了栏目内容发布办法、保障措施）
	国家林业局	办公室	信息化管理办公室	西安未来国际信息股份有限公司（技术支持）
	国家旅游局	办公室	信息中心	国家旅游局办公室新闻处（政务公开内容）
国务院办事机构（1个）	法制办	秘书行政司	信息中心	—
国务院直属事业单位（4个）	国务院发展研究中心	办公厅	信息中心	国研网（技术支持）
	中国地震局	办公室	办公室	新闻宣传处（政府信息公开）
	中国气象局	办公室	气象宣传与科普中心	中国气象报社、公共气象服务中心、国家气象信息中心（协办）
	中国证监会	办公厅	新闻办公室	—

续表

类　　　别	网站所属省或机构	主 管 部 门	主 要 承 办 部 门	相关部门或单位
国务院部委管理的国家局（10 个）	国家信访局	办公室	新华网	信息中心（技术支持）
	国家烟草专卖局	办公室	信息中心	—
	国家测绘局	办公室	管理信息中心	—
	中国民航局	综合司	信息中心	—
	国家文物局	办公室	中国文物报社	—
	国家粮食局	政策法规司	—	—
	国家外国专家局	办公室	信息中心	信息中心（技术支持）
	国家海洋局	办公室	宣传教育中心	国家海洋信息中心（网络支持）
	国家铁路局	综合司	信息中心	—
	国家邮政局	办公室	新闻宣传中心	—

注："—"表示未知或没有。

从主管部门来看，在全部 78 个网站中，有 83.33%（65/78）的政府网站都是由本省政府或部门的办公厅（室）主管。5.13%（4/78）由相应工作小组负责，如北京政府门户网站由北京市信息化工作领导小组负责管理；河北政府网站建设协调小组则是由包括省政府、办公厅、信息化办、省经济信息中心、财政厅、石家庄市政府等多个部门相关负责人构成[①]；山西省政府门户网站协调领导小组则是以省政府副秘书长为组长，省政府办公厅技术中心主任和省信息化管理中心主任为副组长，成员单位包括省人民政府办公厅、省发展改革委、省科技厅、省公安厅、省监委、省民政厅、省财政厅、省人事厅、省国土资源厅、省建设厅、省交通厅、省商务厅、省地税局、省工商局、省质监局、省统计局、省食品药品监管局、省中小企业局、省煤炭局、省法制办，网站协调工作领导组办公室则设在省人民政府办公厅[②]；民政部则是由信息化建设领导小

[①] 法易网．河北省人民政府办公厅关于加强省政府门户网站建设与管理工作的意见[EB/OL]．[2014-11-5]．http://law.148365.com/84907p2.html.

[②] 山西政府网．山西省人民政府办公厅关于印发"中国山西"政府门户网站管理办法等四个文件的通知[EB/OL].[2014-11-5].http://www.shanxigov.cn/n16/n1203/n1866/n5130/n31265/1012597.html.

组主管。10.25%（8/78）的政府网站由相关司局负责管理，如商务部（电子商务和信息化司）、国家卫生计生委（宣传司）、农业部（市场与经济信息司）、国家安全监管总局（宣教办）、法制办（秘书行政司）、中国民航局（综合司）、国家粮食局（政策法规司）、国家铁路局（综合司）。此外，青海政府门户网站由宣传部主管。从实际承办单位来看，主要包括三种类型：①19.23%（15/78）的政府网站由政府内部的行政部门承办，分别是天津、辽宁、重庆、贵州、内蒙古、吉林、江苏的政府门户网站以及国家发改委、财政部、商务部、审计署、中国人民银行、国家税务总局、国家林业局、中国证监会的政府部门网站；②61.54%（48/78）的政府网站由主管部门下设的事业单位承办，其中有 32 个政府网站由政府或部门所属信息中心负责，其他 16 个政府网站则是以类似网站管理中心或者电子政务管理中心命名，如北京（首都之窗运行管理中心）、河北（政府网站管理中心）、黑龙江（政务信息化管理服务中心）、云南（电子政务网络管理中心）、甘肃（网站管理中心）、陕西（电子政务办公室）、上海（上海市政府公众信息网管理中心）、海南（政府网站运行管理中心）、西藏（政府网站运行管理中心）、国家民委（国家民委舆情中心）、交通部（交通运输部科学研究院）、国家统计局（统计资料管理中心）、中国气象局（气象宣传与科普中心）、国家海洋局（宣传教育中心）、国家邮政局（新闻宣传中心）是由中心、研究院承办；③10.26%（8/78）由媒体以及相关企业承办，如河南（河南日报）、湖北（湖北日报）、广东（南方新闻网）、四川（四川电信）、司法部（法制日报）、国家信访局（新华网）、国家文物局（中国文物报社）、国家知识产权局（知识产权出版社）。

从相关部门或单位来看，既涉及网站内容保障和管理，也提供技术支持。例如，2010 年 1 月 14 日，黑龙江省政府办公厅与黑龙江省委宣传部签约合作拓建黑龙江省政府门户网站——中国·黑龙江，自此东北网负责"中国·黑龙江"网站政务信息版块的运行维护、内容发布更新及全网的技术建设和保障等工作[①]。

---

① 中国·黑龙江[EB/OL].[2014-11-5].http://www.hlj.gov.cn/test/template/dbwtd.htm.

2.1.2.4　政府网站服务渠道

通过与 A 市、B 省、C 市、D 市、E 省、F 省、G 部、H 部、I 部、J 部这 10 个政府网站管理人员进行访谈发现，在服务渠道方面，被访谈的政府网站管理人员主要提及了政府网站自身建设以及政府网站与其他媒体之间融合方面的问题。例如，C 市、H 部的政府网站管理人员认为，各个政府网站服务供给的过程中没有加强协同联动，不利于政府网站服务的有效传播，强调要考虑用户获取信息的渠道以及用户行为，注重优化政府网站结构，让用户更容易通过站外搜索引擎以及站内搜索来查找所需要的服务。A 市、B 省、E 省、F 省、G 部、I 部、J 部的政府网站管理人员认为，目前各级政府及部门的微博、微信太分散，没有形成一个统一的展示平台，导致形成单兵作战的局面，并强调当前政府要把握现代传媒传播规律，重视新技术的应用，抓好政府网站与政务微博、微信及相关媒体的融合互动工作，在彼此之间形成合力。

通过调查我国政府网站服务体系现状可知，我国政府网站服务存在服务需求分析缺乏深度、服务内容建设无序、服务主体不顺、服务渠道有限等问题。下面将针对上述的调研现状进行归纳和总结我国政府网站服务体系所存在的问题。

2.2　我国政府网站服务体系的不足

2.2.1　政府网站服务需求分析缺乏深度

2010 年，由中国软件评测中心开展了 2010 年中国政府网站绩效评估，该次绩效评估与之前最大的差别在于，首先考察政府网站在满足社会、公众服务需求方面的能力，将用户调查和社会评议纳入评估体系当中。根据这次由中国软件评测中心、人民网和腾讯网联合开展的用户调查结果显示：部分网民对政府网站"很不满意"①。从用户调查打分情况来看，用户对政府网站满意率低的原因在于：政府网站在保障民生、维护企业权益等服务内容的日益匮乏与用户日益增长的服务需求之间的矛盾。由中国软件评测中心开展的 2013 年中国政府网站绩效评估中，进一步对地方政府网站评估指标中各服务领域的评估内容更新了服务依据，从而引导服务型政府网站的建设。2013 年 11 月 28 日，在第十二届（2013）中国政府网站绩效评估结果发布会暨电子政务高峰论坛上，中国软件评测中心发布的中国政府网站绩效评估结果显示，超过 80% 的政府网站现有的服务内容与用户实际需求之间存在较大的差距②。针对这一问题，国务院办公厅在 2015 年提出要对全国政府网站进行普查，可以期待的是，严格"体检"之后，政府网站对公众信息需求"缺席""旁观"问题将有明显改观③。

可见，提升政府网站服务质量和效能的关键在于，以用户的角度来思考并针对不同用户的需求加工和提供各类政府网站服务，将公众满意作为评价政府网站绩效的重要指标。然而，我国政府网站在满足用户需求方面存在诸多问题。当前，由于缺少实时、精准的用户需求分析，网站建设者在维护网站时无法迅速感知到网站用户的需求热点，导致网站上提供的"热点栏目"或"热点专题"等服务往往只能被动响应上级政策和领导要求、时效性较差、服务的主动性不能很好体现。更重要的是，由于政府网站缺乏从网站访问数据中挖掘识别广大网民真正需求的能力，导致部分政府网站在被动响应领导和业务部门要求的同时，无法对领导决策和业务部门工作形成服务反馈和决策支持能力，网站的重要性得不到很好的体现。无法感知和响应用户需求，只能被动响应上级政策和领导要求，沦为政府网上"传达室"，网站重要性得不到体现。

---

① 中国软件评测中心，四川省电子政务外网运营中心. 2010 年度四川省政府网站绩效评估总报告 [EB/OL].[2014-07-08].http://wenku.baidu.com/link?url=7tnJDU8f9oQHpcr4G5H8hMM TQxYX86ARzYBD4n_2tSPLO31WHdd5xIyCwvm8zW-AKQ9ezdcdPdMvpzV4RGQXXbGdr5 Qc208xQtOorb_i6K.
② 新华网. 2013 年政府网站绩效评估结果发布五大方面须提高[EB/OL].[2014-07-08]. http://news.xinhuanet.com/zgjx/2013-11/29/c_132927872.htm.
③ 中国新闻网. "互联网+政务"政府网站普查首度亮剑[EB/OL].[2015-04-04]. http://news.ifeng.com/a/20150324/43408042_0.shtml.

2.2.2　政府网站服务内容建设无序

部分政府网站服务内容建设的无序主要体现在三个方面：政府网站服务内容定位模糊、政府网站服务内容配置不合理、政府网站内容保障缺失和滞后。

（1）政府网站服务内容定位模糊。2006 年，国务院办公厅发布的《国务院办公厅关于加强政府网站建设和管理工作的意见》指出，政府网站是各级人民政府及其部门在互联网上发布政务信息、提供在线服务、与公众互动交流的重要平台[①]。2012 年发布的《国家电子政务"十二五"规划》又进一步提出，应"加强政府网站建设和管理，促进政府信息公开，推动网上办事服务，加强政民互动"[②]。但即便如此，政府网站却始终难以摆脱服务功能定位混乱的尴尬[③]，产生政府网站建设和业务两张皮现象，导致政府所提供的内容与用户所需的内容之间存在错位。政府网站服务的供给主体是政府，但权责关系不清导致中央、省级、地方政府网站在公共服务供给时出现重复，或者将原本由自身供给的而被其他层级供给。2010 年进行的中国政府网站绩效评估结果显示，政府网站服务内容质量不高，内容不实用[④]。在 2014 年 12 月发布的中国政府网站绩效评估报告中显示，当前多数服务内容比较原则、共性，实用性普遍不强[⑤]。

（2）政府网站服务内容配置不合理。一方面，政府网站服务内容不全面，网站栏目结构有待调整。在笔者调查的 329 家地级市政府门户网站中，网

[①] 国务院办公厅. 国务院办公厅关于加强政府网站建设和管理工作的意见 [EB/OL]. [2014-07-08]. http://www.gov.cn/gongbao/content/2007/content_521577.htm.

[②] 工信部信息化推进司. 国家电子政务"十二五"规划[EB/OL].[2014-06-30]. http://www.miit.gov.cn/n11293472/n11295327/n11297217/14562026.html.

[③] 刘渊，易凌志. 政府门户网站信息服务与用户价值感知——以"中国浙江"政府门户网站及其用户服务为例[J]. 情报学报，2009(3)：431-436.

[④] 中国软件评测中心，四川省电子政务外网运营中心. 2010 年度四川省政府网站绩效评估总报告 [EB/OL].[2014-07-08].http://wenku.baidu.com/link?url=7tnJDU8f9oQHpcr4G5H8hMMTQxYX86ARzYBD4n_2tSPLO31WHdd5xIyCwvm8zW-AKQ9ezdcdPdMvpzV4RGQXXbGdr5Qc208xQtOorb_i6K.

[⑤] 中国软件测评中心. 第四节 围绕民生需求，整合业务资源，提供实用化服务，是政府网站建设的重点内容[EB/OL]. [2015-03-20] http://2014wzpg.cstc.org.cn/zhuanti/fbh2014/zbg/1-4.html..

站一级栏目平均数为 6.6 个，网站栏目最多达 20 个，最少的仅为 3 个，还有 41 个网站的信息公开、在线办事、政民互动三大块栏目不全。另一方面，现有的政府网站栏目规划往往都只能凭借政府自身经验或参考同类型网站的一般做法，甚至有时只能依靠"拍脑袋"的方式来解决问题，无法针对用户需求来提供服务内容。例如，当前我国政府网站的一个普遍做法，是通过对基本栏目按照部门、用户身份、服务场景等多种方式重新组合，而形成针对同一栏目的多种入口，但最终结果往往是用户需要的服务（信息）网站找不到，找到的服务（信息）用户不需要，形成"网站迷宫"。

（3）政府网站内容保障缺失和滞后。一方面，一些单位上网信息审核发布、链接审批、值班读网、保密审查、技术运维等管理制度不完善，没有建立内容保障的长效机制，缺乏有效的内容维护激励机制，导致政府网站内容建设出现各种问题。另一方面，政府网站建设初期，由于担心网站信息数量少，而且各个内容保障单位缺乏主动参与政府网站建设的积极性，因而一些政府网站采取单位建站、网站组栏的建设方式。这种方式在分解了工作量的同时，也扩大了信息源，导致政府网站内容保障工作量急剧增加。以笔者调查的一个地级市商务部门为例，它不仅要维护自身单位网站，还要给当地市政府门户、省商务厅、商务部提供信息，最终导致一条信息要重复数次。由于政府网站信息的重复发布，导致政府网站内容更新不及时。

2.2.3 政府网站服务主体不顺

《国务院办公厅关于加强政府网站建设和管理工作的意见》指出："各地区、各部门要把政府网站建设和管理列入重要议事日程，纳入电子政务发展规划，并明确政府网站建设和管理的责任单位。"[①]尽管该文件强调政府网站建设和管理主体的重要性，但没有明确政府网站管理机制。为此，国家文件出台后，由于文件没有规定机制标配，因而各省地方机构不一致，级别不一致，实际落实和开展的时候存在问题。在由计划经济向社会主义市场经济的不断转变

---

① 中国政府网. 国务院办公厅关于加强政府网站建设和管理工作的意见[EB/OL].[2014-11-8]. http://www.gov.cn/gongbao/content/2007/content_521577.htm.

中，我国已经初步构建了政府网站服务的管理体制，但还存在着政府网站服务主体不顺问题。

一方面，政府网站服务主体组织架构不一。当前，我国政府网站建设部门、管理部门五花八门，部分单位的网站管理机构在办公厅（室）、新闻宣传部门、工信委等单位，有的外包给专业公司管理，导致政府网站服务工作受到宣传、信息化、信息公开等部门的"多头管理"，制约了政府网站的统筹兼顾和协调发展。例如，对于委托给事业单位或外包给企业进行运作的政府网站而言，政府网站管理主体与政府网站运维主体之间属于委托代理关系，这使得一些属于事业单位编制或者归属企业的政府网站维护主体很难去协调作为行政机关的各个部门来完善政府网站内容。尽管对政府门户网站而言，其对所属区域网站具有指导协调和管理职能，但行政体制外的属性促使政府网站维护主体的社会人员流动性大，导致政府网站服务工作连续性不强。在同政府网站相关负责人访谈中，都提到类似问题：上海、武汉的政府门户网站都是由事业单位运维，但去协调行政部门会存在困难。

另一方面，缺乏政府网站服务主体建设。政府网站服务供给中政府与市场、政府与社会的资源未得到充分整合，促使政府网站服务体系在运行过程中被传统行政体制中"条块分割"隔离为碎片化的"小单元"。没有借助市场、社会等力量来拓宽政府网站服务主体，而仅靠政府自身力量，难以给政府网站服务供给提供组织保障。在实际调查中发现，由政府自身运行的政府网站会面临人员编制等问题：江苏省政务公开工作于 2013 年由纪委监察部门转交给办公厅政府信息公开办公室，但工作增多，人员没到位；内蒙古政府网站最初是由信息服务中心管理，后来转向电子政务处，但电子政务处没有编制，是借用信息服务中心原有人员；司法部信息公开由办公厅主管，新闻中心负责，但新闻中心的人员年纪较大，受制于人员本身素质；审计署办公厅新闻处只有 5 个人，负责媒体、网站日常维护、公开申请、舆情报告，工作量较大，但人力却很少。

2.2.4　政府网站服务渠道有限

在 2013 年 10 月 24 日的第三届中国政府门户网站发展论坛上所发布的

《中国政府网站互联网影响力评估报告（2013）》显示，政府网站移动终端用户占比稳步提高，已由 2012 年的 1.99%上升至 2013 年的 5.03%，但政府网站在微博等社交媒体的影响力明显不足，通过微博平台来到政府网站的用户占比仅为 0.624%[①]。该报告认为，当前我国政府网站互联网影响力总指数为 50.9（满分 100），总体处于中等偏弱水平，说明我国政府网站的互联网影响力提升空间巨大[②]。所谓政府网站互联网影响力是指网站为达到更佳的政府形象树立、广泛的政策宣传、有效的舆论引导、便捷的服务供给，面向互联网主流用户群体传递信息和服务从而满足公众需求、提升公众认知的能力[③]。

　　一方面，我国政府网站可见性不高。所谓政府网站可见性，指的是网民在互联网上能够准确、便捷地找到政府网站资源的可能性。过去，用户会通过在地址栏直接输入政府网址或通过导航网站来获取政府网站服务，而当前政府网站数据量的激增导致许多用户偏好使用百度等搜索引擎来查找所需的公共服务。但是，许多政府网站都没有进行搜索引擎优化，导致许多政府网站服务不能出现在搜索引擎呈现页面的前列，促使用户不能便捷获取所需公共服务。

　　另一方面，政府网站服务渠道之间缺乏组合。从内部而言，政府网站之间缺乏协同和配合而不能发挥政府网站整体效率。从外部而言，政府网站与其他社交媒体之间以及政府网站 PC 端与移动终端的融合度不高。在这个时代，公众获取公共服务的渠道包括传统大众媒介渠道以及 Web 2.0 时代的渠道。但是，目前政府网站服务渠道向外延伸的范围不大：从媒体上来看，政府网站、政务微博、微信及相关媒体的融合互动不强，甚至政府网站与其他社交媒体存在隔离；从站点访问类型来看，没有针对手机、iPad 等移动终端用户进行优化的政府网站会将服务渠道局限于政府网站 PC 端。

　　综合以上分析可知，在当前环境下，用户无法便捷找到所需要的服务，这意味着政府要改变传统的服务需求分析方式、服务内容、服务主体、服务渠

---

① 北京参考讯. 报告称：政府网站应转向"需求导向"服务模式[EB/OL].[2014-11-9].
　http://www.bjcankao.com/index.php?m=content&c=index&a=show&catid=148&id=27155.

② 杜平，于施洋. 中国政府网站互联网影响力评估报告（2013）[R]. 北京：社会科学文献出版社，2013：3.

③ 于施洋，王璟璇，童楠楠，杨道玲，张勇进，王建冬. 政府网站互联网影响力评价指标体系研究[J]. 电子政务，2013(10)：50-57.

道，重新构建与用户需求相一致的政府网站服务。

2.3　我国已有的政府网站服务体系重构

当前，我国一些政府门户网站和政府职能部门网站已经陆续开展了网站改版。笔者选取一个政府门户网站（数字东城网站）以及两个政府职能部门网站（国家发改委网站、广东农业信息网），通过分析这些网站改版在实践中的主要做法，总结其特点以及发展趋势，从而为政府网站服务体系重构研究以及进一步开展政府网站服务体系重构提供有益借鉴。

2.3.1　数字东城网站

数字东城网站（http://www.bjdch.gov.cn）由东城区政府门户网站和区级行政机关在互联网上建立的部门网站构成，是政府机关在互联网上发布政府信息、公共服务供给以及接受公众监督的平台，是北京市政府网站"首都之窗"的分站点。该网站由北京市东城区人民政府主办，北京市东城区信息化工作办公室承办，负责网站的总体规划、日常运行、维护、绩效评估、安全检查。2014 年 8 月 18 日，改版后的数字东城网站正式上线。数字东城网站改版特点主要表现在如下几个方面：

（1）基于大数据的政府网站服务需求分析。为对数字东城不同用户群体的实际需求及其满足情况深入分析，负责数字东城网站改版工作的国家信息中心网络政府研究中心以 2013 年 7 月 1 日至 2014 年 1 月 12 日为时间段采集了三大块数据：第一，半年时间来到数字东城网站的用户访问数据，共 64.04 万人次；第二，采集数字东城网站站外搜索关键词共 1.2 万个，站内搜索关键词共 1.1 万个；第三，在数字东城首页加载鼠标点击热力图，基于数字东城网站页面用户点击行为热力图工具，采集数字东城网站首页及一、二级栏目用户点击数据[①]。

---

① 该数据引自国家信息中心内部资料。

（2）基于用户需求来重构服务内容。基于用户点击的访问数据来分析用户需求，由此形成了改版后的数字东城网站服务内容（见图2-4）。新版数字东城网站还新增"问政回应""数说东城"两个栏目。"问政回应"栏目是首先响应"国办100号文"，回应用户需求，新增"回应关切"实时跟踪用户需求变化，回应老百姓关注热点，还将政民互动栏目内容合并，提升了内容丰富度，也缩小了首页版面的占位；"数说东城"栏目同样是首先响应"国办100号文"，用数字可视化展现给老百姓，快速方便地了解东城发展概况。此外，新版数字东城网站首页新增"热点服务"和"热点系统"，旨在将用户最关心的服务放置在便于查找的醒目位置，所以把原首页和一级栏目页中访问最高的服务和系统提炼为两个新栏目，以匹配用户的需求。

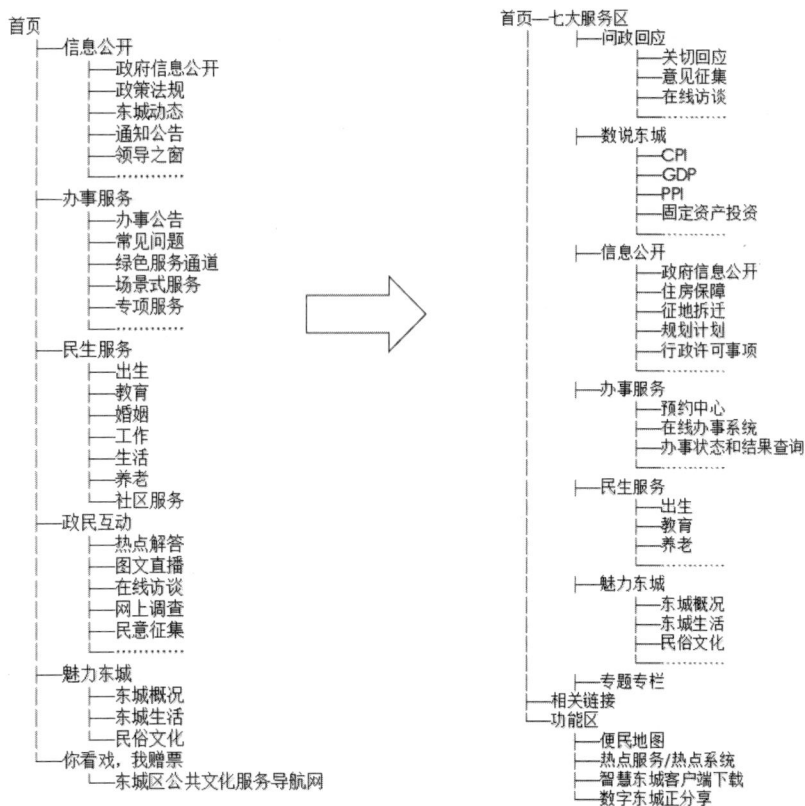

图 2-4　新旧"数字东城"网站栏目架构

（资料来源：国家信息中心网络政府研究中心）

（3）延伸网站服务渠道。从改版前"数字东城"网站服务渠道来看，数字东城在北京市各区县政府网站互联网影响力评比数据排第一，远高于北京市平均水平 55.25 分，高于中国政府网站互联网影响力的平均水平（50.90 分）（见表 2-5）[①]。

表 2-5　北京市政府网站互联网影响力综合排名

排　名	区　县	网　站	得　分
1	东城区	www.bjdch.gov.cn	67.55
2	海淀区	www.bjhd.gov.cn	66.52
3	怀柔区	www.bjhr.gov.cn	61.29
4	延庆县	www.bjyq.gov.cn	61.26
5	顺义区	www.bjshy.gov.cn	58.17
6	大兴区	www.bjdx.gov.cn	57.79
7	昌平区	www.bjchp.gov.cn	55.98
8	房山区	www.bjfsh.gov.cn	54.41
9	丰台区	www.bjft.gov.cn	54.21
10	石景山区	www.bjsjs.gov.cn	54.20
11	通州区	www.bjtzh.gov.cn	53.77
12	西城区	www.bjxch.gov.cn	52.84
13	密云县	www.bjmy.gov.cn	50.55
14	朝阳区	www.bjchy.gov.cn	50.35
15	门头沟区	www.bjmtg.gov.cn	50.32
16	平谷区	www.bjpg.gov.cn	47.81
17	经济技术开发区	www.bda.gov.cn	42.25
平均		55.25	

从表 2-5 可以看出，政府网站服务内容能很好的提供给了网民，但为了进一步提升服务渠道，新版网站开通了政务微博群，推出了社交媒体分享，从而将服务推送至用户。

[①] 杜平，于施洋. 中国政府网站互联网影响力评估报告(2013)[M]. 北京：社会科学文献出版社，2013：84.

2.3.2　国家发改委网站

作为国家综合研究拟订经济和社会发展政策、进行总量平衡、指导总体经济体制改革的宏观调控部门，国家发改委与社会公众的经济社会生活密切相关。2014 年 3 月 4 日，国家发改委新版网站正式上线。国家发展改革委办公厅电子政务处、国家信息中心网络政府研究中心等重点从用户服务需求和网站服务供给两方面开展了数据采集与整体工作，包括国家发改委网站主站 76.2 万人次和网站群 28.6 万人次的基础访问数据，并对用户来源、点击流数据、技术环境、页面地址、表单提交等用户行为数据进行全面收集。结合以上三方面的数据分析与监测工作，初步形成国家发展改革委网站内容提升、栏目优化、用户体验提升等方面的若干改进思路和实施策略。通过推进实施此次改版工作，基于用户体验感知、服务动态供给、全站优化改进等关键环节在内的国家发展改革委网站创新发展模式初步形成，推进网站智慧化发展的长效机制基本建立，国家发展改革委网站群智慧化发展路径成为引领部委网站群创新发展的典型示范。国家发改委网站改版工作主要表现在以下几个方面：

（1）注重用户需求分析。对国家发改委网站群和部分省市发改委门户网站用户需求，以及全网用户对发展改革信息需求进行分析。①充分挖掘全国发改系统各类用户服务需求，做好需求细化与应用分类；②以业务应用的服务化为牵引，突出服务需求满足度，引导服务供给，实现业务与服务的无缝对接；③坚持用数据说话，通过开展网站用户需求和用户行为的数据分析，形成面向网站首页、栏目和具体页面改版优化的针对性建议，确保网站改版方案科学有效。

（2）开展服务内容重组。此次国家发改委网站改版从网站用户关注程度、栏目设置情况、内容丰富程度、首页区块摆放和核心业务相关度五个方面对现有栏目和服务内容进行分类梳理。对国家发改委网站栏目进行了系统梳理，并对各栏目板块的全国设置情况进行了统计分析。完成网站服务内容梳理之后，便基于用户需求而重组新的服务内容（见图 2-5）。

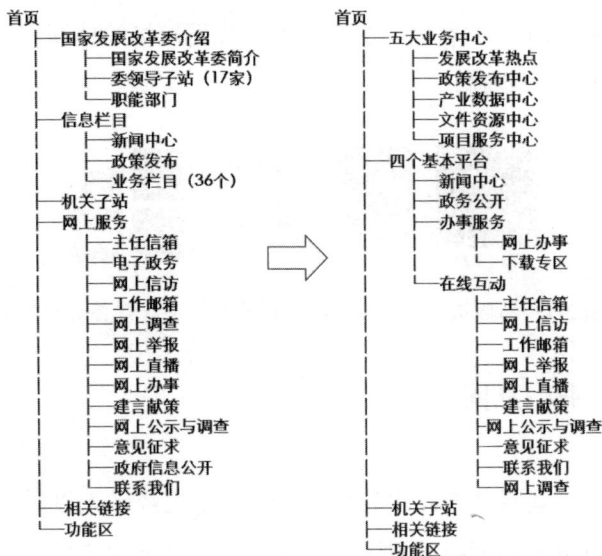

图 2-5　新旧国家发改委网站栏目架构

（资料来源：国家信息中心网络政府研究中心）

通过网站用户需求数据分析，在网站首页（见图 2-6）设计了"发展改革热点"栏目和项目服务中心、政策发布中心、数据服务中心、文件资源中心等四大业务中心，为互联网用户集中展现并推送与用户发改业务服务需求相关的各类网站信息。

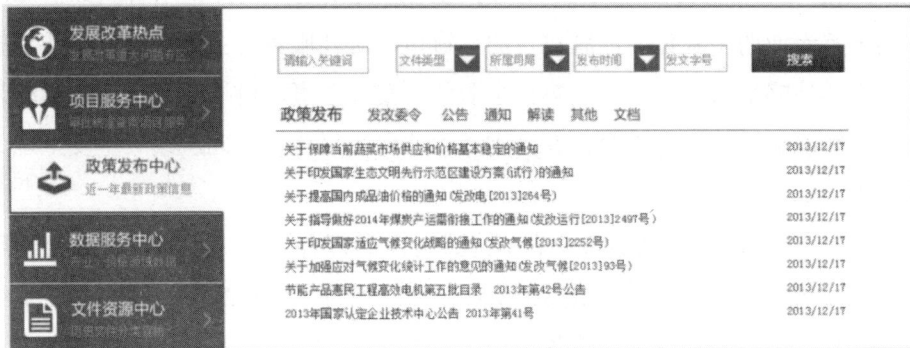

图 2-6　国家发改委网站首页及政策发布中心内容

（3）延伸网站服务渠道。新版网站充分借鉴欧美电子政务发达国家政府网站服务界面设计领域最新研究成果，提升搜索可见性、社交媒体推送和移动服务界面（见图 2-7）。在委网站交互功能、界面风格等体现国际前沿成果，体现与国际接轨的设计原则。

图 2-7　新版国家发改委网站微门户和社会化媒体分享标签

2.3.3　广东农业信息网

当前，我国农业系统行政主管部门网站建设已经进入以用户体验为导向、以用户需求为出发点的创新发展阶段。《农业部关于加快推进农业信息化的意见》（农市发[2013]2 号）指出，要注重开发利用信息服务过程中的农民需求数据，不断健全农业信息资源建设体系，丰富信息资源内容①。自 2013 年起，全国省级农业行政主管部门网站服务绩效评估在现有网站服务内容保障绩效评估指标的基础之上，进一步新增网站互联网影响力和网站用户体验两部分绩效评估指标，形成网站"有内容"、公众"找得到"、用户"用得好"的绩效评估闭环体系，进一步提升农业系统网站服务效能和群众满意度。

2014 年，广东农业信息网实现了改版，旨在充分发挥广东省农业信息网作为智慧农业的主载体、品牌宣传的主窗口、对外服务的主平台、资源共享的主渠道的战略枢纽作用，打造集信息服务、在线办事、电子商务、交流互动为一体的智能化公共服务平台，有力支撑农业现代化建设。此次改版主要呈现如下特点：

（1）重构政府网站服务内容。通过对网站现有栏目进行梳理，并给予用户需求新增栏目进行设计，最终得出新版网站栏目（见表 2-6）。这些栏目是组合了服务功能、服务对象、服务主题多个维度进行设计。

---

① 农业部市场与经济信息司. 农业部关于加快推进农业信息化的意见[EB/OL].[2014-10-21]. http://www.moa.gov.cn/zwllm/tzgg/tz/201305/t20130506_3451474.htm.

表 2-6　改版后的栏目架构

设 计 维 度	一 级 栏 目	二 级 栏 目
按服务功能设计	资讯平台	热点推荐、农业要闻、全国农业信息联播、区域合作、省内农业信息联播、粤农新貌、专家视野、农业气象、协会动态、劳务信息、致富经验
	政务公开	领导简介、机构职能、内设机构、直属机构、政府信息公开、图片报道、政务要闻、通知公告、政策法规、计划规划、统计信息、人事信息、财政信息
	服务平台	市场服务、网上办事、农事指南、保健饮食、休闲农业、业务系统、农业展厅
	互动平台	厅长信箱、咨询投诉、民智汇聚、网上调查、在线投稿
按服务对象设计	农户	专题讲座、科技推广、政策解读
	企业	通知公告、农业展厅
	管理者	政策法规、农业展厅、咨询投诉
	消费者	消费服务、咨询投诉
按服务主题设计	农情中心	种植业、羊牧业
	视频中心	视频推介、新闻视频、大田作物、蔬菜栽培、果树种植、特种种植、经济作物、水产养殖、病虫测报、岭南水果香、行业视讯、视频图片展示、科技推广、专题讲座
	资源中心	农产品认证信息资源库、肥料登记信息资源、农业主导品种和主推技术库
	专题中心	农村土地确权、十大名牌评选、广东省内新农人调查实录、民声热线、广东乡村、热点专题
	业务中心	办公室、政策法规处、发展计划处、农村经济体制与经营管理处、市场与经济信息处、交流合作处、科技教育处、种植业管理处、农业机械化管理办公室、农村经济组织管理处、农业应急管理办公室、农产品质量安全监管处、财务与审计处、人事处、党委办、监察室、离退休人员服务处、畜牧兽医局、服务中心、植保植检总站、农业有害生物预警防控中心、种子管理总站、耕地肥料总站、农机试验鉴定站、农机化技术推广总站、动物卫生监督总所、畜牧技术推广总站、农业展览馆、农业技术推广总站、农业环保与农村能源总站、农产品质量安全协会、农民专业合作推广中心、农村信息中心、农业投资项目中心、兽药饲料质量检验所、动物防疫物资储备中心
	学习中心	农业杂志、实用技术、农业期刊、致富经验、农业信息化、科技培训

通过网站用户需求数据分析，在网站首页设计了"农情中心"（见图 2-8），为互联网用户集中展现并推送与主要农产品相关的各类网站信息。

图 2-8　新版网站农情中心

（2）延伸政府网站服务渠道

第一，新版网站（见图 2-9）开通 RSS 订阅、短信订阅、邮件订阅、分享到社会化媒体等技术功能，最大限度提高网站信息在互联网上的传播效率，提升网站信息互联网影响力。

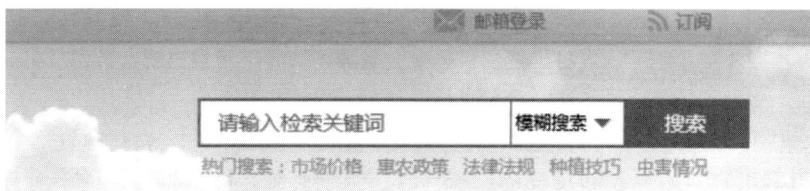

图 2-9　新版网站订阅功能设计

第二，在网站部署社会化媒体分享标签（见图 2-10），方便用户直接将网站内的信息分享到其他渠道中。新增广东农业信息网社会化媒体分享标签，包括人民微博、新浪微博、腾讯微博、新华微博、微信、QQ 空间、人人网、开心网、豆瓣网，从而有效提高广东农业信息网网站在其他渠道用户中的影响力。

图 2-10　新版网站社会化媒体分享功能设计

从这些已有的政府网站服务体系重构可以发现，应当重视基于大数据的网站用户服务需求分析，并营造良好的政府网站生态系统，将微博、微信等为代表的社会化媒体作为政府网站服务载体的补充，这为本研究在政府网站服务对象及需求分析、服务渠道拓宽提供了有价值的借鉴与参考。

2.4　我国政府网站服务体系重构的基本框架

对于任何一项服务而言，要实现最佳的服务效果，必须要明确四个问题（"4W"）：一是为谁服务（Whom），即服务的供给对象是谁，他们的需求是什么？二是服务什么（What），即服务的内容包括哪些？三是由谁服务（Who），即服务主体是谁？四是怎么服务（How），即可采取哪些方法和途径来传递服务？2006 年，国家信息化领导小组发布《国家电子政务总体框架》，有助于对政府网站服务的四个问题进行解答。《国家电子政务总体框架》指出："服务是电子政务建设的出发点和落脚点。要紧紧围绕服务对象的需求，选择优先支持的政府业务，统筹规划应用系统建设，提高各级政府的综合服务能力。"[①]

根据以上分析可知，电子政务服务就是政府通过一定方式来将服务内容在线传递给服务对象。从系统论角度来看，作为一种电子政务服务的政府网站服务用于描述政府网站服务过程中各个要素及其相互关系，可以析出政府网站服务体系的要素：服务对象、服务内容、服务主体、服务渠道（见图 2-11）。其

[①] 国家信息化领导小组．国家电子政务总体框架[EB/OL].[2014-10-24].
　http://www.miit.gov.cn/n11293472/n11295327/n11297127/11741734.html.

中，公众即政府网站的服务对象；服务内容即政府网站为服务对象所提供的服务的具体内容；服务主体是指政府网站服务的相关主体；服务渠道，是政府网站开展服务所利用的手段。

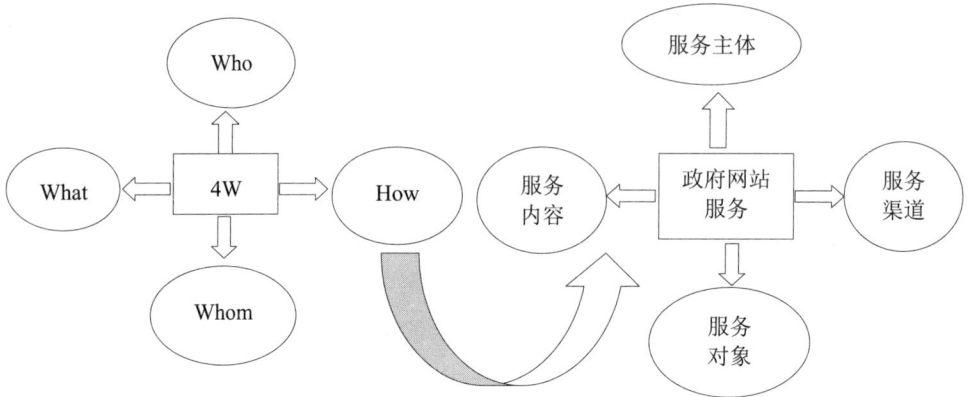

图 2-11　政府网站服务体系的要素

在政府网站服务体系中，强调围绕服务对象的需求来拉动服务，而并非由服务主体来推动服务，因而服务对象需求是政府网站服务的导向。在产生了服务对象需求以后，这些需求就决定了政府网站服务内容的供给。用户所需要的这些内容不仅包括一般性、普适性服务内容，还应包括特定的个性化服务内容。其中，前者可以由政府来提供，但后者不能仅靠政府来完成，因而导致政府产生购买公共服务的行为，也就改变了政府作为单一供给主体的现状。服务渠道是尽可能围绕服务对象将其所偏好的渠道融合在政府网站当中。因此，从整体上来看，政府网站服务体系各个要素的作用分别是：用户服务需求是导向，服务内容是核心，服务主体是服务的生产和供给者，服务渠道是保障。政府网站服务体系各要素之间的关系如图 2-12 所示。

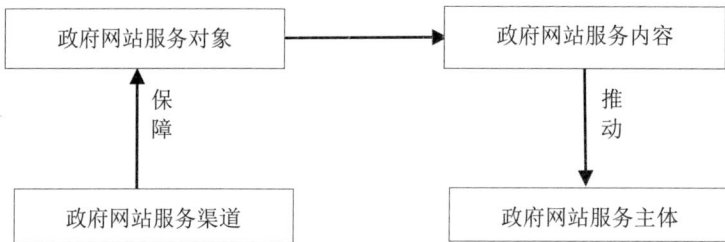

图 2-12　我国政府网站服务体系各要素之间的关系

对用户而言，政府网站向其展示的是页面，但其背后包括主体、需求、渠道的支撑。在对我国政府网站服务体系进行调研中，笔者发现这几个方面是交织在一起的，因而不仅通过直接访问政府网站来调查服务内容，还通过访谈、网络调查等方式来了解支撑政府网站背后的其他要素所面临的问题。同时，通过对数字东城网站、国家发改委网站、广东农业信息网三个网站改版进行梳理可以发现，并不是对政府网站进行简单改版就可以满足用户需求，而是需要对服务主体、服务需求分析、服务内容、服务渠道这几个方面进行全面调整。倘若仅仅只是政府网站版面的变化而没有背后配套的服务体系支撑，那么这个版面还是形式上的页面展示，而没有实质上的服务内容供给。因此，本书认为，有必要对包括这四位一体的政府网站服务体系进行全面重构，而不仅仅是页面布局的调整。在政府网站服务供给过程中，强调识别服务对象及其需求，然后基于服务对象需求来提供服务内容，再针对服务内容来选择服务主体，并以适当渠道提供给服务对象。然而，要全面获取用户服务需求，就对需求分析方式提出了改进的要求。在此基础上，才能基于用户服务需求来对政府网站服务内容进行重构。由于仅靠政府自身不能提供所有用户需要的政府网站服务内容，因而产生政府网站服务主体变革，将企业、第三部门等主体纳入服务主体当中。当完成以上步骤以后，需要延伸服务渠道，以保障政府网站服务能被有效传递给用户。

依照这一关系，本文提出我国政府网站服务体系重构的框架（见图 2-13）。其中，服务需求分析方式改进就是改变传统少量样本的做法，将总体作为研究对象，从而识别服务对象的需求，以便为相应的服务内容奠定基础；服务内容重组就是基于服务需求分析的前提下，按照一定逻辑来对现有服务内容进行重新组合，从而针对服务对象提供合适的服务内容；服务主体变革就是依照服务内容的要求来实现政府网站服务内容协同供给，即在完善政府网站服务主体组织结构的基础上，加强政府网站服务主体建设；拓宽服务渠道就是提升政府网站在互联网中的影响力以及基于政府网站来延伸服务渠道，从而提升政府网站服务传递能力。本书将围绕这几点提出政府网站服务体系重构的思考。

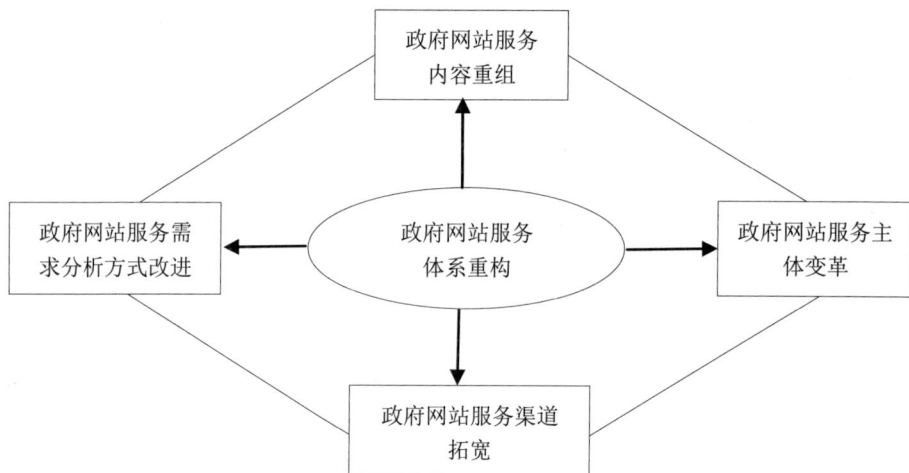

图 2-13   我国政府网站服务体系重构框架

2.5 本 章 小 结

本章对我国政府网站服务体系的现状进行了调研，发现政府网站服务体系存在以下问题：服务需求分析缺乏深度、服务内容建设无序、服务主体不顺、服务渠道有限。要提升政府网站服务水平，就必须对现有政府网站服务体系进行重构。为此，本章针对这些问题并结合已有的政府网站服务体系重构而提出了我国政府网站服务体系重构框架，而后续研究则围绕该框架展开。

第3章　政府网站服务需求
分析方式改进

由于信息技术日益平民化，技术对政府网站服务创新的助推作用逐渐减小，促使深入挖掘政府网站用户的服务需求，成为推动政府网站服务创新的主要动力。这就要求政府网站必须从政府主导型服务逐渐向用户导向型服务转变。这一导向强调满足每一个公众的需求，使得公民需求的获取就显得尤为重要。过去，政府网站服务需求分析主要通过面谈、问卷调查、政府网站日志分析等方法，而在当前海量数据环境下，这些方式不能获取全样本的用户访问数据来了解用户需求。针对这一问题，出现了能全面掌握用户服务需求的政府网站代码加载分析方式，但这种方式存在信息安全等问题。为此，为了结合不同分析方式的优点，有必要综合运用面谈法、问卷调查法、政府网站日志分析、政府网站代码加载分析等政府网站服务需求分析方式。

3.1　面向需求分析的政府网站服务对象的
识别与分类

政府网站服务导入用户导向型模式，遵循以需求为导向的原则来改进服务，而前提则是对政府网站服务对象进行认知。

3.1.1　政府网站服务对象识别方式

从2004年到2014年，中国互联网规模近年来呈现出爆炸性增长的态势（见图3-1）。

我国网民数占国家人口比例为 46.03%，美国达 86.75%，但由于中国人口基数很大，所以中国绝对网民数量在世界在绝无仅有，已经雄居世界第一（见表 3-1）。在 2015 年 2 月 3 日发布的《第 35 次中国互联网络发展状况统计报告》显示，截至 2014 年 12 月，我国网民规模达 6.49 亿[①]。麦肯锡预测，到 2015 年，中国网民总数将达 7.5 亿人[②]，与欧盟和美国总人口之和相当。

图 3-1　中国网民数和互联网普及率

（资料来源：历年中国互联网络发展状况统计报告）

表 3-1　世界主要国家互联网用户数增长情况[③]

国　　家	2014 年互联网用户数	2014 年人口	网民数占国家人口比例	国家互联网用户数占世界互联网用户比例
中国	641,601,070	1,393,783,836	46.03 %	21.97%
美国	17,754,869	322,583,006	86.75%	9.58%
印度	243,198,922	1,267,401,849	19.19%	8.33%
日本	109,252,912	126,999,808	86.03%	3.74%

---

① 中国互联网络信息中心. 第 35 次中国互联网络发展状况统计报告（2014 年 12 月）[R/OL]. [2014-02-07]. http://www.cnnic.net.cn/hlwfzyj/hlwxzbg/hlwtjbg/201502/P020150203548-852-631921.pdf.

② Mckinsey. Understanding China's Digital Consumers.[2014-07-28].[EB/OL]. http://www.mckinseychina.com/understanding-chinas-digital-consumers/.

③ Internet live stats.Internet Users by Country (2014).[EB/OL].[2014-11-27]. http://www.internetlivestats.com/internet-users-by-country/.

续表

国　　家	2014 年互联网用户数	2014 年人口	网民数占国家人口比例	国家互联网用户数占世界互联网用户比例
巴西	107,822,831	202,033,670	53.37%	3.69%
俄罗斯	84,437,793	142,467,651	59.27%	2.89%
德国	71,727,551	82,652,256	86.78%	2.46%
尼日利亚	67,101,452	178,516,904	37.59%	2.30%
英国	57,975,826	63,489,234	89.90%	1.95%
法国	55,429,382	64,641,279	85.73%	1.90%

　　可见，互联网已经拥有越来越多的用户群体，但是作为政府在互联网上服务社会公众、沟通社情民意的重要窗口，一些政府网站所提供的服务还不能满足公众的需求。政府网站产生了大量数据文件，如访问日志、脚本文件、用户注册信息等，而作为需求分析的一种新技术，数据挖掘能很好地挖掘政府网站用户访问行为背后所隐藏的服务需求的规则，从历史数据中分析和表达用户服务需求。具体的政府网站用户识别方式见表 3-2。

表 3-2　政府网站用户识别方式

识别方式	内　　涵	获取难度	准确度
IP	通过政府网站日志中 IP 地址来识别	低	低
IP+Agent	通过政府网站日志中 IP 地址以及 Agent 来识别	低	中
Cookie	通过定义 Apache 日志格式或 JavaScript 来获取 Cookie 并进行识别	中	中
ID	通过点击流数据记录 userid 并进行识别	高	高

3.1.2　政府网站服务对象细分

　　政府网站用户是一个多元的庞大群体，这些不同群体对政府网站服务需求都会有差异。因此，必须对用户进行细分，才能确保各项服务具有针对性。

　　一方面，进行政府网站服务对象定位。以行业性的政府部门网站——国资委网站为例，该部委管理着中央企业，但是没有一项业务向全民开放，而全部都是针对企业。为了在移动互联网时代让更多人了解国资委，国资委做了一个形象设计，给自己做了四大定位：第一，网上专业职业人（网上新闻发言人）；第二，国企形象代言人；第三，财经评论员；第四，微公益发起人。正是有了这样的定位，国资委网站很容易找准网站传播对象：第一类就是专家学者、党政干部、新闻媒体；第二类是社会公众和企业职工，而且第一类群体影响着第二类群体。

另一方面，从不同层面细分个人用户。按照不同的标准，可以将用户细分为不同的类型，见表 3-3。

表 3-3　政府网站用户群体细分

划 分 标 准		细 分 类 型
用户社会属性	按照职业划分	①公务员②个人③企业④其他
	按照性别划分	①男性公民②女性公民
	按照生命周期划分	①婴儿②儿童③少年④青年⑤中年⑥老年
	按照国籍划分	①本国公民②外国公民
	按照所属地区划分	①本地人②外地人
	按照教育程度划分	①小学②初中③高中④大学⑤研究生⑥其他
用户网络属性	按照访问渠道来源划分	①直接来源②搜索引擎来源③导航来源
	按照访问操作系统划分	①Windows XP②Windows 8③ipad④Linux⑤其他
	按照访问浏览器划分	①IE②Spgou③Safari④Chrome⑤Firefox⑥其他
	按照访问地理来源划分	①北京②上海③广东④天津⑤其他
	按照访问语言来源划分	①汉语②英语③日语④俄语⑤其他

以上按照用户社会属性和用户网络属性进行划分，其中前者可以从对象的可感知度来围绕具体对象和抽象对象两个维度进行划分，以抽象对象维度为例，根据生存方式可以将用户划分为教师、司机、渔民、艺人等；后者则是结合用户所依托的政府网站空间环境进行分析。这些分类标准并非绝对化，而是可以在彼此之间通过组合来对用户进行多维度剖析。例如，来自同一地域（如北京）的不同职业群体 A（教师）和 B（医生）的信息获取能力不同，对政府网站服务需求也存在差异；具有统一职业（如医生）的不同地域群体 A（北京）

和 B（南京）的信息表达不同，对政府网站服务需求也不同。因此，为分析政府网站用户服务需求而来划分用户群体时，要综合考虑用户职业、地域、性别、访问渠道等各种情况。然而，当前诸如面谈法、问卷调查法、政府网站日志分析方式或多或少只能满足这其中的某一两项维度分析，并且各种方式也呈现不同特点。

3.2 政府网站服务需求及其分析方式的比较和优化

马克思指出："任何人如果不同时为了自己的某种需要和为了这种需要的器官做事，他就什么也不能做。"[①]政府网站的服务对象是公共群体，因而政府网站服务需求实际上是"人类社会共同体对公共产品和公共服务的共同需要"[②]。政府网站服务需求分析不是分析政府自身的工作需求，而是分析服务对象对政府网站提出的要求。

以英国为例，2012 年 7 月，英国政府新版政府门户网站发布了《政府数字服务设计原则》[③]，包括：以用户需求开始；专注；用数据设计；致力于简洁；迭代，反复迭代；具备包容性；理解应用场景；建设数字服务，而不仅是网站；保持一致性，但不意味着千篇一律；公开化会让事情变得更好。该原则反映出英国政府门户网站在改版过程中注重用户需求分析的理念，如英国《政府数字服务设计原则》第一条强调，政府网站的设计流程必须从识别并思考真正的用户需求开始，即围绕用户需求，而不是官方流程进行设计。更重要的是，该原则的第三条强调，应基于数据的需求分析。即在政府网站建设和开发流程中，应基于数据分析来了解用户的需求路径，进而调整政府网站来适应用户的

---

① 马克思. 马克思恩格斯全集(第 3 卷)[M]. 北京：人民出版社，1965：286.

② 李军鹏. 公共服务学——政府公共服务的理论与实践[M]. 北京：国家行政学院出版社，2007：9.

③ Government Digital Service Design Principles[EB/OL].[2014-06-12]. https://www.gov.uk/design-principles.

信息行为。然而，比较完善的政府网站服务需求分析方式的构建，必然是一个长期的过程。因此，如何改进政府网站服务需求分析方式，以准确获取用户服务需求，将其映射到政府网站服务体系重构中，是提升政府网站服务质量的迫切需要。

3.2.1 政府网站服务需求的特征

要满足广大网民的服务需求，政府首先必须能够全面、透彻感知用户需求，建立服务供给与用户体验之间正向激励的良性循环。对政府网站服务对象进行需求分析之前，有必要掌握政府网站服务需求的特征。

（1）需求无限性。马克思说："人以其需要的无限性和广泛性区别于其他一切动物。"[①]政府网站服务需求的无限性是指政府网站服务需求的总量不断增加，即用户会不断产生出新的服务需求，同时不断向政府网站服务提出新的需求。列宁在提及需求上升规律时称："……欧洲的历史十分有力地说明了这一需求的上升规律。"[②]该规律表明，用户会追逐更多、更高质量的服务需求，这与马斯洛需求层次规律是一致的。最初，用户对政府网站服务的需求也不多，主要集中在诸如衣食住行等基本生理、安全需求层面，对公共服务要求不高，也不存在集体层面的挑剔和个人的偏好。随着生产力发展以及人民生活水平的提高，用户的基本服务需求得到满足，因而开始出现自我层面的需求，也就在环境保护、教育设施等方面对政府网站服务提出需求。

（2）需求动态性。Kano 基于生命周期而提出了用户需求动态变化理论，该理论将需求的变化趋势划分为无关紧要型需求—兴奋型需求—期望型需求—基本型需求[③]。该理论对认识政府网站服务需求的生命周期有很大启示（见表3-4）。

[①] 宣云凤. 论个体道德意识的特殊功能[J]. 江海学刊，2003(6)：24-28.

[②] 列宁. 论所谓市场问题[M]. 北京：人民出版社，1956：27.

[③] 张根保，李玲，纪富义. 基于成分数据动态指数平滑的用户需求变化趋势预测模型[J]. 统计与决策，2010(14)：32-35.

表 3-4　基于用户需求动态变化理论的服务需求应用

需 求 类 型	内　涵
无关紧要型需求	无论是否提供这些服务，用户都表示无所谓，即这种服务可有可无
兴奋型需求	如果这种服务提供给用户的话，用户会表示非常惊喜。但是，如果这种服务没有被提供，用户也不会表示不满意
期望型需求	要求向用户提供优质的服务，但这种服务并不是必须的，这些期望型服务需求连用户自身都不清楚，但是他们所希望得到的[①]
基本型需求	用户认为必须的服务，如果这些服务没有得到满足的话，用户就会非常不满意

如图 3-2 所示，在用户服务需求的变化周期中，基础性服务在增加，而服务的可延伸性在减少。由于无关紧要的服务需求在用户的潜意识中，但没有被明确表达出来，政府便不知道是否开展某项延伸性服务。一旦政府通过用户的信息行为来分析、预测他们的服务需求，如果及时根据需求来开展延伸服务，那么便会将潜在的用户转化为现实用户。在兴奋型服务需求中，潜在的服务需求转变为显性服务需求，这些需求的数量不大，只是零星地出现在个别或少数用户当中。这个阶段中，基础性服务的范围没有变化，延伸性服务的范围开始迅速变大。在期望型服务需求中，服务需求的数量巨大，存在一些地区或用户群体当中，促使这些延伸服务开始在政府中产生应用。此时，一些延伸服务开始转变为基础服务。在基本型服务需求中，所有的期望型服务需求转变为基本型服务需求，因而延伸服务就成为政府网站服务的基本型服务，成为一种不可或缺的组成部分。此时，延伸服务大量开始向基本服务转变，直到能满足所有用户的服务需求为止，一个用户服务需求的生命周期开始结束。

（3）需求开放性。随着信息技术的不断发展和政府信息化进程加快，用户的单元需求面临着多元化选择，从纸质文件到网站阅读再到无线移动终端阅读，用户的习惯、方式发生了重大变化。各种新的信息载体拼接具有便捷、交互等特性，也越来越受到用户的青睐。在多元化环境下，网络浏览器、移动终

① 张根保，李玲，纪富义. 基于成分数据动态指数平滑的用户需求变化趋势预测模型 [J]. 统计与决策，2010(14)：32-35.

端等占据了政府信息获取方式的主导地位，使得用户在政府网站的任一终端上都能提出服务需求。当今的服务需求提出方式也不一定局限于先由用户提出服务需求，再由政府网站提供相应服务，而可以采取基于政府网站用户信息行为来分析、预测和把握用户服务需求，从而利用政府网站来有效定制和推送服务。

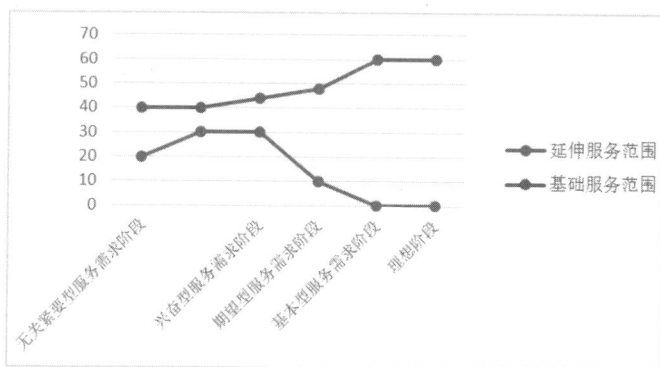

图 3-2 政府网站延伸服务和基础服务的一个生命周期

注：图中纵轴的数据没有实际含义，只是表示服务范围的大小变化

3.2.2 现有的政府网站服务需求分析方式

目前，用户需求识别的理论和方法在通用软件需求工程领域、电子政务工程设计领域、商业网站设计等方面都有较大的进展，而政府网站用户需求识别的研究还基本处于起步阶段[①]。因此，政府网站应该分析不同用户的信息需求，利用政府网站超链接的优势，按照不同类别来提供信息服务。根据国际网站分析协会的定义，网站分析是对互联网数据的测量、收集、分析以及报告，从而有助于理解和优化网页[②]。作为一种网站分析，传统环境下的政府网站服

[①] 转引自：张勇进，杨道玲. 基于用户体验的政府网站优化：精准识别用户需求[J]. 电子政务，2012(8)：19-27. [美]Elizabeth M,Hull C, Jackson K,et al. 需求工程[M]. 韩柯，译. 北京：清华大学出版社，2003.

[②] Web Analytics Association.Web Analytics Definitions[EB/OL].[2014-11-26]. http://www.digitalanalyticsassociation.org/Files/PDF_standards/WebAnalyticsDefinitions.pdf.

务需求分析方式包括面谈、问卷调查、日志分析。随着政府网站数据量不断增加以及云计算等技术的发展，开始出现代码加载分析方式的政府网站服务需求的数据分析。日志分析是基于服务器日志文件而制定数据统计报告，这种方式不需要在政府网站安装任何插件或布置任何代码，如 Analog、Nihuo Web Log Analyzer、Awstats；代码加载分析方式则采取 Page Tags 技术，在政府网站中嵌入代码，如 Google Analytics、Nielsen NetRatings、OneStat。

3.2.2.1　传统环境下政府网站用户需求分析的方法

（1）面谈法。面谈是指政府网站设计者与用户就政府网站服务进行面谈，是一种重要的收集用户需求的方式，主要适用于对象不多的情况。从形式上而言，该方法包括结构化面谈和开放式面谈：前者是指提前对面谈的问题以及相关程序进行设定，让用户被动回应问题；后者则是事先不设定任何规则，由分析师同用户进行自由讨论。为了保证面谈法的有效性，政府网站分析师有必要在面谈前做好详细规划，就要讨论的一些重要问题做好充分准备。例如，如果条件允许，有必要将访谈内容进行录音或录像，以便面谈后能够全面进行总结。

（2）问卷调查法。问卷调查是指通过将问卷发送给用户，让用户就问卷设计的问题进行回答，主要适用于调查对象比较多的情况。由于该方法更多依靠问卷上的文字表达来获取用户需求，因此对问卷设计要求较高。在正式发送问卷之前，还需通过概率抽样或非概率抽样的方式来确定调查对象，而且这两种抽样方式既可单独使用，也可以混合使用。由于问卷调查法能让用户具有充分时间进行思考和回答，因而所获得的调查结果通常比较准确。但是，由于该方法并没有面谈法那么正式，因此用户所填写的调查结果不一定能完全具有真实性。

（3）日志分析法。政府网站是一个信息系统，而日志分析是指在政府网站信息系统中对事件进行记录，并在此基础上加以规范、分析以及做出适当的追踪和调查。政府网站日志分析是用来记录政府网站运行信息，即当用户访问政府网站某个页面时，用户这个访问行为会向服务器中对这个页面的文件发出请求，随后用户会将这个页面文件下载到浏览器上。

日志分析最早可追溯到万维网之前，当企业网、路网兴起时就有利用日志分析来对网络用户的使用情况以及历史路径进行记录，从而了解网络用户的信息行为以及需求，以便进行改进。日志分析的主要功能是，能够衡量网络流量，使得网站管理人员能对网站用户的网络行为（如访问路径、停留时间）进行跟踪、存储并报告。基于此功能，政府、企业、非营利组织都利用日志分析来跟踪网站用户信息行为。在 2002 年之前，诸如 Webtrends、AWStats、Analog、Nihuo Web Log Analyzer、Awstats 等主流的网站分析工具，主要是基于日志分析的方式，其用户行为数据主要来自对网站服务器端用户所使用的日志，这类软件通常部署在用户的服务器端，采用比较传统的单机软件服务模式[1]。

3.2.2.2　大数据环境下政府网站用户需求分析

美国 EMC 公司研究院的大数据研究报告中曾预测全球数据将从 2009 年的 0.8ZB 增长到 2020 年的 35.2ZB[2]。当前，政府网站服务资源建设越来越完善，服务内容越来越专业化，政府网站服务能力有了一定提升，但这并不意味着政府网站服务能够全方位满足用户需求，还应当看到随着环境的变化，政府网站用户服务需求的内涵与外延都出现变化。只有了解用户所处的竞争环境，才能更真切地了解其需求，从而提供能够解决用户实际问题的产品[3]。为此，有必要了解政府网站所处的大数据环境，进而把握政府网站用户需求分析的走向。

（1）政府网站具有"大数据"特征。

首先，政府网站数字资源总量日益庞大。截至 2014 年 12 月，国内域名总数已经达到了 2 060 万个，与 2013 年 12 月相比增长率达 11.7%；境内网站已经达到 335 万个，与 2013 年 12 月相比增长率达 4.6%[4]。截至 2014 年 12 月，中

---

[1]　于施洋，王建冬. 政府网站分析进入大数据时代[J]. 电子政务，2013(8)：79-85.

[2]　Crossey B.EMC Accelerating move to Cloud Computing Cloud Computing[EB/OL].[2014-11-24]. http://www.colerainebc.gov.uk/projectkelvin/emc-cc-2010.pdf.

[3]　转引自：吴秀花. "嵌入式"服务：政府决策信息服务新探索[J]. 图书馆建设，2013(3)：52-54. 边晓利. 图书馆为政府提供决策信息支持的误区透视与创新对策[J]. 情报资料工作，2007(1)：106-108.

[4]　中国互联网络信息中心. 第 35 次中国互联网络发展状况统计报告(2014 年 12 月)[R/OL].[2014-02-07].http://www.cnnic.net.cn/hlwfzyj/hlwxzbg/hlwtjbg/201502/P020150203548852631921.pdf.

国.CN 域名总数为 1 109 万，其中全国以 gov.cn 结尾的政府网站达到 57 024 家，占.CN 域名总数的 0.5%[①]，相比 2003 年增长了 4 倍。这些网站承载了庞大规模的数据集。

其次，政府网站信息载体形式上呈现多样化。政府网站数据包括三种类型：结构化数据、非结构化数据、半结构化数据。结构化数据是存储在数据库中的数据，是能够以二维表结构来表达的数据；非结构化数据是存在于视频、音频、图片等中的数据；半结构化数据是政府网站中电子邮件、相关新闻的内容。根据 IDC 的报告，大数据中超过 85%是非结构化数据，结构化数据占不到 15%[②]。半结构化和非结构化数据的大量出现，使数据量上升到了 PB 级和 ZB 级，并仍在以每两年翻一番的速度持续爆炸式增长[③]。

再次，政府网站数据价值稀疏。大数据时代的政府需要的不是政府网站上的数据，而是解读这些数据的正确方法，从而找到这些数据之间的关联性，以洞察政府网站背后的用户。海量、低密度、杂乱无章的大数据本身没有价值，而只有对这些数据进行深层次挖掘、分析，才能产生价值。例如，Gartner 预测，2015 年，90%以上的主管都会把信息视为一种战略资产，但只有不到 10% 的主管能充分实现这些信息的经济价值[④]。

最后，作为不下班的网上政府，政府网站提供 24 小时的服务，促使政府网站用户的服务信息一直处于增加的状态。然而，"数据的持续到达，且只有在特定时间和空间中才有意义"[⑤]。同样，持续增加的政府网站用户服务信息只有在限定条件下进行分析和挖掘，如时段、地域等。

---

① 中国互联网络信息中心. 第 35 次中国互联网络发展状况统计报告（2014 年 12 月）[R/OL]. [2014-02-07]. http://www.cnnic.net.cn/hlwfzyj/hlwxzbg/hlwtjbg/201502/P020150203548852631921.pdf.

② 姚宏光. 非结构化数据智能分析的领航人[EB/OL].[2014-11-24]. http://www.sywg.com/sywg/pdfFile.do?method=savePDFFile&id=6163567358.

③ 王珊，等. 架构大数据：挑战!现状与展望[J]. 计算机学报，2011(10)：1741-1752.

④ 古福. 大数据落地进行时[EB/OL].[2014-11-24]. http://www.ciweek.com/article/2013/0514/A20130514559690.shtml.

⑤ 5 联网. 大数据时代的特点[EB/OL].[2014-11-24]. http://www.5lian.cn/html/2012/xueshu_0417/32237.html.

（2）大数据时代政府网站用户需求分析的新走向。

首先，注重数据挖掘与分析。大数据分析（Big Data Analytics，BDA）是大数据理念与方法的核心，是指对海量、类型多样、增长快速且内容真实的数据（即大数据）进行分析，从中找出可以帮助决策的隐藏模式、未知的相关关系以及其他有用信息的过程[①]。大数据要求政府网站的结构化数据能得到分析，也更需要对政府网站上政府与用户之间的服务关系中非结构化数据进行挖掘，分析和预测政府网站正在使用以及将要使用的服务，从而做好服务内容重组和推送。借助大数据技术，政府将由数据的"收集者"转变为"分析者[②]。对于政府而言，如何利用大数据技术来对用户信息行为中的结构化、非结构化数据进行挖掘、识别、分析，从而寻找用户的隐性服务需求进而改善和拓展政府网站服务，并对政府网站未来服务进行预测，从而达到政府网站服务与用户服务需求的双向控制，已成为大数据时代政府网站服务需求分析的关键。

其次，强调政府网站数据处理的时效性。时效性是竞争性信息情报的重要特征，在大数据环境里，人们需要的往往是实时信息与信息[③]。海量数据并不可怕，关键是数据处理的及时性，否则就可能因为延时而不能及时分析用户服务需求。与传统日志分析不同的是，在线网站流量统计是基于 Cookies 来统计访问量。Cookies 是当用户浏览网页时，网络服务器以文本格式存储在电脑硬盘上的少量数据。海量用户的海量 Cookie 信息构成了大数据，所以在一定程度上 Cookie 技术是大数据的基础[④]。这种方式属于实时用户需求分析方式，能

---

① 转引自：李广建，化柏林. 大数据分析与情报分析关系辨析[J/OL]. 中国图书馆学报 [2014-09-01]. http://www.cnki.net/kcms/doi/10.13530/j.cnki.jlis.140020.html. Big data across the federalgovernment[EB/OL].[2012-10-22]. http://www.whitehouse.gov/sites/default/files/microsites /ostp/ big_data_fact_sheet_final.pdf.

② 刘叶婷，王春晓. "大数据"，新作为——"大数据"时代背景下政府作为模式转变的分析[J]. 领导科学，2012(35)：4-6.

③ 转引自：毛晓燕. 大数据环境下图书馆信息服务走向分析[J]. 图书情报知识，2014(3)：72-75. 刘高勇，汪会玲，吴金红. 大数据时代的竞争情报发展动向探析[J]. 图书情报知识，2013(2)：105-111.

④ 中国金融网. 利用 Cookie 技术，易传媒能够实现社交媒体共享[EB/OL].[2014-12-3]. http://www.afinance.cn/new/smzx/201303/552275.html.

够向业务部门提出相应服务需求，找出网站服务存在的短板，进而为业务部门提出服务诊断和效能改进的策略。

最后，突出政府网站数据分析的大样本。当前，各级政府在决策时没有基于数据分析，如根据 BNET 商学院对中国政府部门的调查分析显示，政府部门以数据分析作为决策支撑并没有形成气候，将数据分析作为核心竞争力的只占 5.6%，比起美国和英国等政府开源力度差距较大[①]。由于缺乏精准的数据量化分析手段，现有的政府网站咨询服务和网站管理者在规划网站服务内容时，也没能依照数据分析来进行决策，而往往只能凭借自身经验或参考同类型网站的一般做法，甚至有时只能依靠"拍脑袋"的方式来解决问题，到底用户有哪些需求、用户访问网站的真实体验如何，不得而知，从而导致公众满意度低。由于政府门户网站面向社会大众提供服务，决定了政府门户网站公众满意度数据采集对象必须包含有不同职业、年龄、学历的广大公众样本。只有大量样本数据才能保证对政府门户网站公众满意度科学分析[②]。与问卷调查、面谈等方法只能满足少量数据或样本所不同的是，政府网站用户需求大数据分析是收集和利用大数据，为决策政府网站服务建设构建依据。

（3）大数据时代政府网站用户需求分析方法。

随着 JavaScript 的普及，SaaS（Software as a Service，软件即服务）的出现，页面标签方法应运而生[③]。2002 年，著名网站分析公司 Omniture 成立，该公司就提出了基于 SaaS（软件即服务）的网站分析技术架构，并在这种架构下使用了页面标签（Page Tags）的方式。这种方式就是在政府网站中加载一段 JavaScript 代码，这些代码就能够将用户在政府网站上的访问行为传递给政府网站分析工具的服务器。一旦服务器收到数据后，会进一步处理这些数据并把数据翻译成人们能够阅读和分析的图形、表格以及数据文件，然后呈现在一个

[①] 周恒星. 数据权之争[J]. 中国企业家，2013(7)：102-104.

[②] 李海涛，宋琳琳. 政府门户网站公众满意度调查问卷缺失数据的处理研究[J]. 情报学报，2013(6)：575-583.

[③] 网站分析在中国——从基础到前沿. 页面标记法网站分析及数据捕获原理[EB/OL]. [2015-03-15]. http://www.chinawebanalytics.cn/pag-tagging-data-acquire/.

漂亮的用户界面上[1]。

代码加载分析方式获取数据的方法跟传统方法都不一样，这种方法实施较为简单，能更及时、更准确地收集用户访问数据，也不需处理海量的日志文件记录，极大提升了数据管理和处理的效率。与日志分析方式不同的是，代码加载分析方式不需要存储大量的日志文件，而是将数据存储在由政府网站分析工具提供的服务器上，因而会减少一定成本，如投入资金来购买存储日志的硬件设备或者管理日志的软件[2]。此外，政府网站分析人员还减少了将日志文件输入到日志文件分析软件中的工作。由于简单易行、数据可读性高、管理难度低等诸多优势，基于 Page Tags 的技术架构在 2006 年以后已经成为网站分析工具的主流模式，代码加载分析方式也成为网站分析的主流数据获取方法。诸如 Webtrends 等基于日志架构的网站分析工具也开始使用日志和 JavaScript 代码综合收集数据的方式。

3.2.3　适应大数据管理的政府网站服务需求分析方式改进

3.2.3.1　政府网站日志分析的优缺点分析

当用户在访问政府网站时，会对服务器进行请求，而在这一过程中会出现服务器的日志，用来记录用户的这些访问行为，从而了解用户的服务需求。政府网站日志分析方式的优点包括：第一，具有安全性保障。政府网站日志都是存在自身服务器中，意味着除非受到外界攻击或者用户对数据进行删除，否则政府网站服务数据可以永远保存在网站。第二，能自动适应终端。当前，政府网站访问来源不再局限于 PC 端，但政府网站服务器能够记录这些不同终端访问。第三，不依赖第三方。通过日志所获取的数据不依赖任何第三

---

[1] 网站分析在中国——从基础到前沿. 页面标记法网站分析及数据捕获原理[EB/OL]. [2015-03-15]. http://www.chinawebanalytics.cn/pag-tagging-data-acquire/.

[2] 网站分析在中国——从基础到前沿. 页面标记法网站分析及数据捕获原理[EB/OL].[2015-03-15]. http://www.chinawebanalytics.cn/pag-tagging-data-acquire/.

方，即只要政府网站服务器在运转，那么就会持续产生日志并被保存。在日志分析下，它所要分析的数据是服务器已经收集的，不需要再进行收集，因而速度会更快。

这种方式的缺点在于：第一，政府网站访问记录不准确。一方面，为了提升网站访问速度，人们发明了网页缓存，使得用户访问网站时不必每次都从服务器传输数据，而是先搜索电脑里所存在的内容，再去服务器请求更新内容。缓存在优化网站访问性能的同时，也促使服务器不记录一些访问，如用户在点击"回退"而回到上一个页面时，由于不必再向服务器请求，因而服务器日志没有记录此次访问。另一方面，服务器基于用户的 IP 地址进行记录，但一个 IP 地址不能代表一个访问者。例如，在一个办公室内，IP 地址只有一个，但这个办公室可能分配数十台电脑。第二，服务器日志数据处理巨大。由于服务器会记录用户每次的访问记录，促使在一定时间段内积累的数据量巨大，对人力、物力、技术提出要求。第三，日志分析方式属于事后监测，输出的是标准化报告，包括访问流量等基础监测数据，仅能满足对政府网站基本运行情况和用户访问频率的统计，用户行为分析的指标范围和数量非常有限。

3.2.3.2　政府网站代码加载分析的优缺点

2008 年左右，全球政府网站发展开始进入大数据时代，欧美国家开始放弃原来的日志分析方式，而采用基于云计算的页面标签法政府网站分析方式。这种方式的优点包括：第一，在线网站流量统计是基于 Cookie 来统计访问量，不会出现 IP 存在于多个用户身上的情况，而且能很好地识别回访用户，不会出现因为上网拨号出现不同 IP 而导致统计回访用户不准确。第二，能够搜集屏幕分辨率、语言等日志所不能搜集到的信息。第三，代码加载分析方式属于事中监测，能及时发现政府网站服务需求，能按照特定需求进行定制，做到精准分析和量化管理，起到有效的决策支撑作用。

代码加载分析方式的缺点包括：第一，由于在线网站流量统计是以 Cookie 为基础，那么如果用户禁止 Cookie 或 JavaScript，就会影响用户访问统计。第二，由于视频、音频、图像等文件不能植入统计代码，导致不能对这些文件的访问进行统计。第三，由于代码加载分析方式是将用户访问政府网站的数据存储在第三方，属于第三方服务，导致有可能出现政府网站信息安全问题。

政府网站数据分析方式的比较见表 3-5。

表 3-5　政府网站数据分析方式的比较

比 较 标 准	传统日志分析	代码加载分析方式
时效性	事后监测	事中监测
数据全面性	不会受到客户端浏览器设置等的影响，能获取较为全面的采集数据	采集加载页面标签的网站访问数据
数据分析范围	政府网站基本运行情况和用户访问频率的统计	能够精准分析和量化管理
便捷性	配置相应软硬件设施，进行单机监测	不需要额外软硬件建设，通过云技术将政府网站服务数据部署在远端
安全性	数据存储在自身服务器，不依赖第三方，安全性可以掌控	数据存储在第三方，数据安全不由自身控制
数据准确性	基于 IP 而统计数据，有可能低估访问量	基于 Cookie 而统计数据，不会漏掉访问量统计

从以上可知，诸如面谈法、问卷调查法、政府网站日志分析法更多地适用于分析静态且时间和空间较为局限的政府网站服务需求，但是针对政府网站服务需求的无限性、动态性和开放性，尤其是在当前海量数据环境下，有必要开始利用基于页面标签的代码加载分析方式。但是，这并不代表代码加载分析方式是最优的政府网站服务需求分析方式，因为这种方式中所统计用户的访问点击量不能百分百代表用户对政府网站服务的需求，而有可能是政府网站设计不当导致用户对政府网站的重复点击。因此，可以针对政府网站服务需求分析范围的广度、深度、时效性、准确性等多方面来选择并综合运用政府网站服务需求分析方式。

3.2.4　影响政府网站服务需求分析方式改进的成功因素

代码加载分析方式依赖着政府网站数据挖掘工具，倘若没有成熟的技术支撑，就难以开展政府网站的海量数据分析，但这并不意味着仅靠这些技术就能够通过计算机自动完成政府网站的服务需求分析，而是还需要形成配套的政府网站服务诉求渠道，通过人工的分析处理，才能有效改进政府网站的服务需求分析。具体而言，影响政府网站服务需求分析方式改进的成功因素包括两个方面。

一方面，政府网站数据挖掘工具发展成熟度。大数据的特征也决定了其隐含的深层次理念：数据的深度挖掘和分析是大数据时代政府网站的一个重要业务。大数据时代，政府网站之间的竞争不再仅仅是服务资源、服务水平等指标，还包括对庞大的数据量进行挖掘和分析的能力，而且政府网站的发展策略也依赖着大数据分析；大数据变得越加有价值，能有力分析和预测政府网站用户的访问习惯、访问路径、服务模式，从而成为政府网站的核心资产；大数据处理为政府网站带来机遇。例如，政府网站 A 和政府网站 B 都有义务为用户提供公共服务的权利和义务，都不想失去为用户服务的机会，加之政府网站绩效考核的推动，政府网站 A 和政府网站 B 会为争夺用户资源而展开竞争（见图 3-3）。

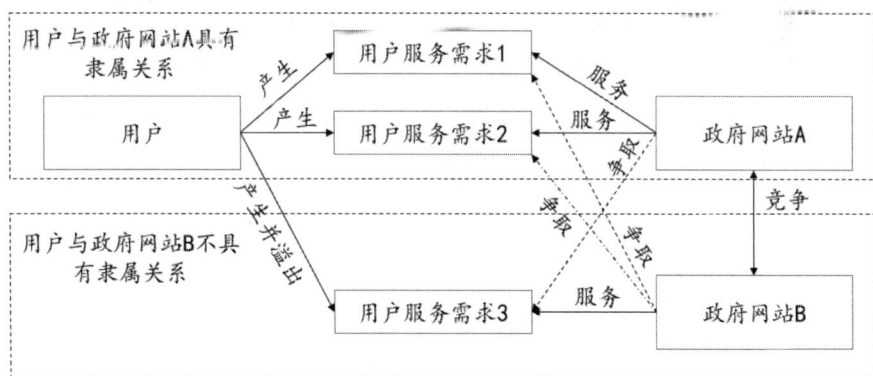

图 3-3　政府网站之间竞争下用户服务需求与政府网站之间的关系

为了能更有效把握用户资源，有必要以低成本、可扩展的方式处理政府网站数据，这就需要开发先进的软件和硬件平台。纵观全球网站分析工具发展趋势，1996 年前后出现的日志分析工具是基于 IP 来识别用户，代表工具如

AWStats、 WebTrends、Google Urchin；2005 年后出现的基于 Page Tags 的政府
网站分析工具是基于 IP 和 Cookie 来识别用户，代表工具如 Google Analytics、
百度统计。在国内，存在一些商业网站分析工具（见表 3-6）。

表 3-6　商业网站分析工具示例

商业网站分析工具	主 要 功 能
孔明统计	对访问者人口属性进行分析、对网站实际内容和用户访问需求之间进行差异性的分析
必应管理员	包括错链断链数、被禁止链接、URL 过长、被标记有恶意代码的网页等 外链分析：帮助网站管理员查看网站的每一个页面的外链情况
腾讯分析	专业社区分析（会员参与度、热门版块、会员与游客分析等）、站长工具（网站监控、网站测速、数据订阅等）、QQ 互联分析、广告效果分析
百度统计	流量变化分析、来源类型分析、网站页面分析、目标转化分析、热力图和链接点击图

但对于我国而言，Wentrends、Google Analytics 刚进入中国不久，服务方
式倾向于在线租赁，而且主要面向商业网站[①]。鉴于国家日益强调网络安全的
情况下，我国更有可能会考虑选择本土产品。在国内，政府网站数据挖掘工具
还不成熟，典型的包括：北京太浩企软软件技术有限公司为商务部、上海市徐
汇区人民政府提供政府网站流量统计分析；国家信息中心网络政府研究中心所
建设的中国政务网站智能分析云中心已为包括中央政府门户网站、国家发改
委、农业部、交通部、文化部、国家卫计委、国税总局、质检总局、安监总
局、国家审计署、国家林业局等部委网站和北京市、上海市、山东省、江西
省、河南省、四川省、福建省、云南省、海南省、成都市等地方政府门户网站

[①] 赛迪网．网站分析之五——政府网站访问统计分析的意义和工具选择 [EB/OL].
[2015-03-15].
http://blog.ccidnet.com/home.php?mod=space&uid=800162&do=blog&id=10133616.

在内的 1 500 多家政府网站提供数据分析服务①。因此，我国政府应加强网站基础研究工作、完善人才队伍建设，推动政府网站技术公司和研究机构加大技术攻关和研发力度，促进技术转化，加快网站产品转型升级，提高自主创新能力，从而推动政府网站服务数据分析的工作。

另一方面，构建服务需求诉求渠道。不同用户的服务呈现不同特点，即使是同一个用户，随着环境和实践的变化，其服务需求也是不断变化的发展趋势。为此，政府网站所要做的不是一成不变地按照当前服务需求开展工作，而是持续了解用户的服务需求，遵循需求变化规律开展工作。因此，有必要构建政府网站用户服务的需求表达机制。需求表达是指用户在一定条件下通过一定的表达渠道表述自己对某一公共服务的数量、质量及分布情况所具有的喜好的过程，这一表达贯穿于整个公共服务的供给过程。

首先，构建服务互动渠道。一方面，政府应定期采用发放服务需求调查表、召开用户座谈会、政府网站数据分析等方式，主动了解并获取用户对政府网站服务的需求。另一方面，政府网站上领导信箱、公众回答、网上调查上的留言不仅应得到关注，而且政府网站微博、微信等渠道上的留言同样应得到重视，从而接受用户对服务需求情况的反映。

其次，跟踪用户服务需求处理。对于以面对面方式所了解的服务需求，采取首问负责制，即由现场首个接受服务需求的政府工作人员全程跟踪并处理。对于政府网站数据分析、网站留言或微博、微信上的回复，则由政府网站运维部门负责跟进用户的服务需求。

最后，开展用户服务需求分析和评估。一方面，对所有收集到的政府网站服务需求建议或投诉进行汇总，并对这些问题进行分类以及提出相应处理建议。另一方面，政府应邀请拥有大数据实力的专业公司来对政府网站服务需求满足度进行分析，以掌握需求满足效果。

例如，从某政府网站在线访谈栏目（见图 3-4）来看，该网站"在线访谈"

①　武汉理工大学就业指导中心. 国家信息中心网络政府研究中心[EB/OL].[2014-12-4].http://scc.whut.edu.cn/vjread.aspx?id=4b76cac5-b60e-4d25-bbf8-1dbf1b61f2c7&vj.

栏目提供了各类部门的在线访谈信息汇总。但通过国家信息中心网络政府研究中心所开发的 GWD 系统进行分析发现，来到该栏目的用户的需求却高度集中于本单位的核心业务（见图 3-5）。

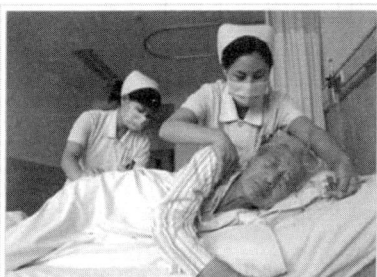

| 在线访谈

卫生部解读县级公立医院综合改革试点意见

主题：解读《关于县级公立医院综合改革试点的意见》
嘉宾：卫生部医改办公室医院改革组组长孙阳
时间：2012-06-21
内容：解读《关于县级公立医院综合改革试点的意见》，介绍县级公立医院综合改革工作进展和成效。

💻 了解详情

| 往期回顾   更多>>

 **主题**：新闻办介绍《国家基本公共服务体系"十二五"规划》情况
嘉宾：国家发改委副主任胡祖才
时间：2012-07-18
查看详情>>

 **主题**：国务院新闻办介绍环境空气质量标准等情况
嘉宾：环境保护部副部长吴晓青
时间：2012-03-27
查看详情>>

 **主题**：国务院新闻办介绍《2011年中国的航天》白皮书等情况
嘉宾：国家航天局新闻发言人张炜
时间：2011-12-29
查看详情>>

 **主题**：国务院新闻办介绍北斗卫星导航系统试运行等方面情况
嘉宾：北斗卫星导航系统新闻发言人冉承其
查看详情>>

 **主题**：国新办介绍第二届中国—亚欧博览会筹备工作等
嘉宾：商务部副部长李金早等
时间：2012-05-25
查看详情>>

 **主题**：国务院新闻办介绍环境空气质量标准等情况
嘉宾：中国载人航天工程办公室副主任王兆耀
查看详情>>

 **主题**：国务院新闻办介绍南京青奥会有关筹备情况
嘉宾：中国奥委会副主席于再清
时间：2011-11-16
查看详情>>

 **主题**：国务院新闻办介绍建设中原经济区有关情况
嘉宾：国家发展改革委副主任杜鹰等
时间：2011-11-11
查看详情>>

图 3-4 某政府网站在线访谈栏目

图 3-5　某政府网站在线访谈栏目需求满足度情况

（资料来源：国家信息中心网络政府研究中心 GWD 系统）

　　由此发现，政府网站所提供的内容"所供非所需"，因而有必要开设本单位核心业务相关的在线访谈活动，并以此作为"在线访谈"栏目的核心内容。

3.3　应用案例：政府网站代码加载分析

3.3.1　国外应用

　　早在 2005 年 11 月，英国内阁办公室就提出了"技术驱动的变革政府"（Transformational Government-Enabled by Technology）战略，旨在以公民和企业为中心提供公共服务，提升跨部门的面向公民服务的能力。这一战略目标的实现，需要服务、流程和信息能够跨越传统的组织边界，围绕公众的需求进行整合和交付。当前，尽管许多政府已经在完善政府网站服务建设，但它们也仍然在考虑这些网站的有效性，如确保用户能访问它们的网站。一旦用户访问这些网站，政府又想了解用户访问了哪些内容还是离开网页。为此，许多国家的政府开始注重数据分析来获取用户访问行为。据一项于 2014 年 8 月 4 日发布的调查显示，在全球电子政务排名前 50 位的国家中，政府网站分析工具主要是 Google analytics、Piwik、Webtrends[①]（见表 3-7）。美国、英国、韩国等电子政务发展水平较高国家的中央政府门户网站均已加载用户行为监测代码，用来汇集分析世界各地用户的网站访问数据，改善网站服务。一些国家甚至从机制上来保障政府网站数据分析工作，以美国为例，早在数年前就成立了专门从事联邦政府网站数据分析和决策支持研究工作的机构——美国联邦政府网站管理者委员会[②]。

表 3-7　国外政府网站数据分析工具应用的示例

政府网站分析工具	特 色 功 能	代 表 政 府
Google analytics	流量来源分析、搜索关键词、访客资料分析、入口页面分析、行业基准分析、服务转化率分析、分析报告多维度导出	澳大利亚、加拿大、塞浦路斯、法国、列支敦士登、智利、英国、阿拉伯联合酋长国、冰岛、克罗地亚、挪威、韩国、匈牙利、西班牙、新西兰、马来西亚、葡萄牙、马耳他、爱尔兰、立陶宛、拉脱维亚、沙特阿拉伯、美国、新加坡、爱沙尼亚、墨西哥、巴西、比利时、丹麦、瑞典
Piwik	开放源码的分析程序	芬兰、以色列、哈萨克斯坦 、希腊、摩纳哥、斯洛文尼亚、德国、巴西
Webtrends	使用日志和 JS 嵌入代码两种获取数据方式、自定制报告、知识库服务	新加坡、以色列

[①] Anderson M.Top 50 Countries: Web Analytics Adoption by Global Governments[EB/OL]. [2014-12-1].http://www.e-nor.com/blog/google-analytics/top-50-countries-web-analytics-adoption-by-global-governments.

[②] 转引自：于施洋，王建冬．政府网站分析进入大数据时代[J]．电子政务，2013(8)：79-85．Web Metrics/Analytics Community[EB/OL]. [2013-07-18]. http://www.howto.gov/communities/federal-webmanagers-council/metrics.

谷歌分析是由谷歌公司提供的一项免费服务，它产生了有关网站用户的详细统计数据。它最初是 Urchin 所提供的针对搜索营销用户所设计的付费网站流量统计工具。随着 2005 年谷歌公司将 Urchin 收购后，谷歌公司将该项工具的基本版本实行免费，而高级版本则需要付费。该工具有助于了解用户如何访问网站、如何使用网站以及网站需要如何改进才有助于提高用户回访率。在使用谷歌分析之前，用户需要创建一个谷歌账户并注册谷歌分析；然后，将会产生一系列代码，而政府网站管理人员需将这些代码植入有待分析的页面，就可以跟踪用户的访问行为。由此，谷歌服务器将会处理访问网站的用户数据，具体分析指标见表 3-8。

表 3-8 Google Analytics 的政府网站分析指标

指 标	定 义
页面浏览量（Pageviews）	页面被打开（请求）的次数。页面浏览数过高不一定是好迹象，而且如果页面停留时间短的话，就意味着访问者很难在网站中找到相应内容，或者内容基本上与访问者所需要的不相关
访问量（Vislts）	用户的一次访问（从进入网站到离开网站这个过程）页面的数量。如果用户超过 30 分钟后再次回到网站，这将被再次计算为一个访问量
转化率（Conversion rate）	特定访问者是指在特定时段（如每月）内，至少访问过一次网站的人（或一台计算机/ IP 地址）
跳出率（Bounce rate）	仅看一个页面，并立即离开网站的用户所占比例
单独页面停留时间（Time on page）	访问者在单独页面停留的时间
着陆页（Landing pages）	用户访问网站所进入的第一个网页
退出页（Exit pages）	用户离开网站时所访问的网页

如图 3-6 所示，通过利用谷歌分析工具对一段时间内用户访问行为进行分析发现，2013 年 2 月 1 日至 2013 年 2 月 28 日期间，网站的访问量为 260 763 人次，页面浏览量为 1 981 898 个，平均访问持续时间为 5 分 34 秒，53.35%的

用户为新访问者，独立访问者①为 172 928 人次，每次访问的页面数为 7.6 个，跳出率为 40.38%。

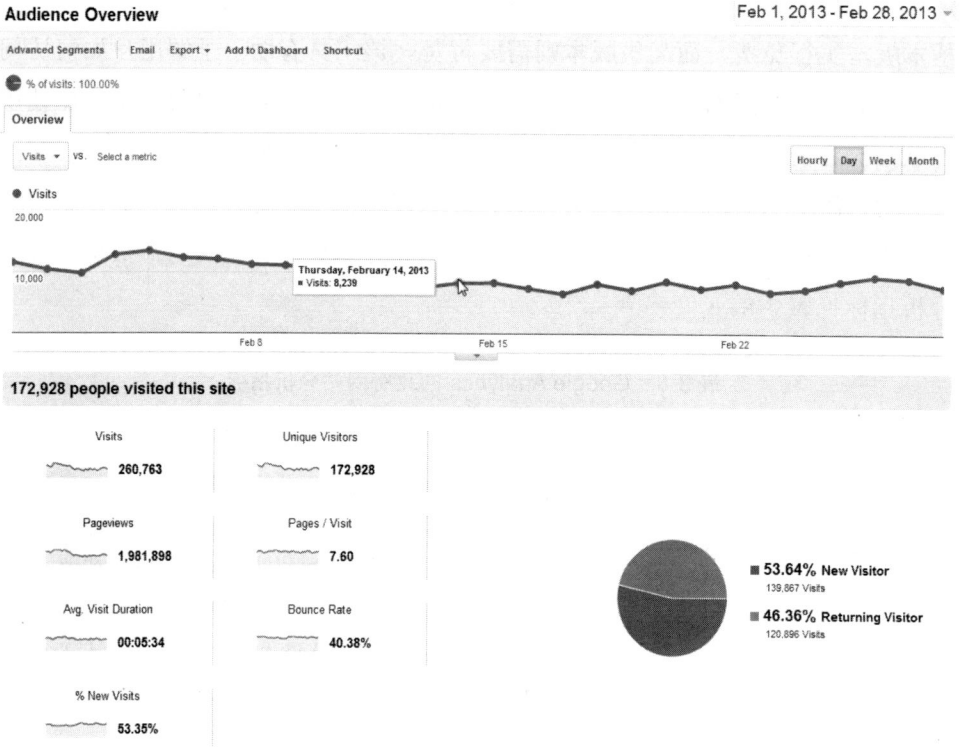

图 3-6　Google Analytics 示例

（资料来源：Google Analytics）

同谷歌分析一样，Piwik 不需要付费，但它是一个开放源码的分析程序，而不是采取远程主机服务。政府网站分析人员只需下载并安装在政府网站服务器内即可使用，并且有待分析的政府网站数据都存储在自身数据库当中，因而不存在数据存储容量、时限等限制问题。由于 Piwik 是安装在自身服务器当中，因而能够充分控制自身数据。同谷歌分析一样，Piwik 也是免费工具。

与谷歌分析、Piwik 不同的是，Webtrends 需要收费。Webtrends 公司于

---

① 指进入这个页面的不同 IP 或者 Cookie 的个数。

1993 年成立，是网站分析工具的鼻祖之一，该公司最初以日志分析方式来分析网站，并且是该公司的主要产品。随着互联网不断发展，该公司也开始逐渐提供加入"标签"方式的监测技术。

3.3.2　国内应用

国家信息中心网络政府研究中心成立于 2013 年 3 月 11 日，该机构的核心工作就是通过数据分析来提升国家治理能力现代化。该机构所服务的政府网站有 1 500 多家，其中包括中央政府三十多个部门和十几个省级单位及其他各级政府部门。该机构开发了政务网站智能分析系统（GWD 系统），将其部署在国家信息中心外网，采用代码植入方式来分析网站用户行为。该系统包括通用版和专业版，前者免费，后者需要付费。与 Google Analytics 等软件的加载方法一样，该工具在网站上无需加载任何硬件、软件，只需在网页上加载寥寥几行的 JavaScript 脚本语句，匿名收集所有来到客户网站的访客的用户访问行为数据，并发往 GWD 系统部署在国家电子政务外网中央机房的数据接收服务器。加载的 GWD 系统代码，随着政府网站采用的 CDN 技术分发到各缓存服务器而在客户端采集用户访问行为数据，因此不会给政府网站后台数据带来任何安全威胁。客户端采集的用户访问行为数据直接传送至国家电子政务外网机房指定的服务器进行集中数据处理，汇集和处理后的数据不再二次分发给任何无关方。此外，国家信息中心网络政府研究中心还会与所加载的政府网站管理部门签署相应协议来保障数据安全性和数据不被滥用。

GWD 系统搜集了用户访问政府网站的每一次点击，从而能对上百万人次的访问行为进行分析。该工具除了能按照访问渠道来源、访问操作系统、用户使用浏览器、访问地理来源来对不同网段、地域等细分用户群体的需求进行对比分析，还能够利用点击行为热力图对各种非结构化数据进行分析。GWD 系统能够采集网站每一位访问用户的点击行为数据，支持从用户所在地域分布、用户使用语言、用户系统环境（包括浏览器、操作系统、屏幕分辨率等）、用户访问来源、是否网站新用户等 50 多个维度对用户进行细分，并通过多维度交叉分析揭示不同用户的访问特征，包括用户行为过程、用户关注内容等，从而挖掘出网站不同类型用户的需求特征，为下一步精准服务提供基础。以某政府网站为例，数据显示，2012 年 10 月 24 日至 2012 年 11 月 14 日期间，该网站访问总人次为 238 141 人次，其中，工作日的日均访问人次约为 13 000 人次/天，周末约为 5 000 人次/天。期间，页面总浏览量为 532 301 页，人均访问页数为 2.24 页，人均访问时间为 2 分 12 秒，跳出率为 65.88%（见图 3-7）。

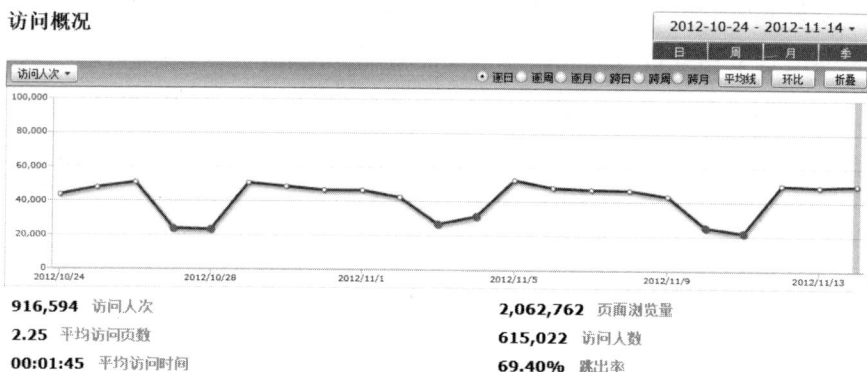

图 3-7　GWD 系统示例

（资料来源：国家信息中心网络政府研究中心 GWD 系统）

　　此外，GWD 系统中的热力图能够跟踪收集用户页面上的每一次鼠标点击行为，以区域颜色明暗分布情况再现网民访问热点的分布情况，并且能够结合用户其他行为指标进行多维度交叉分析，帮助网站监测者准确、便捷定位网站关键页面设计中的用户体验短板。颜色越亮（强弱顺序依次为黄色、橙红色、蓝色、白色），表示网民鼠标点击量越多。以成都市政府门户网站为例，图 3-8 中白色部分表示没有用户进行点击，蓝色部分点击量较少，黄色部分表示用户点击量最大。

　　此外，在两会期间，国家信息中心网络政府研究中心还利用 GWD 系统支撑中国政府网推出大数据看两会，组织制作图集、视频、策划推动专题，增强网站可视效果，丰富网站内容。

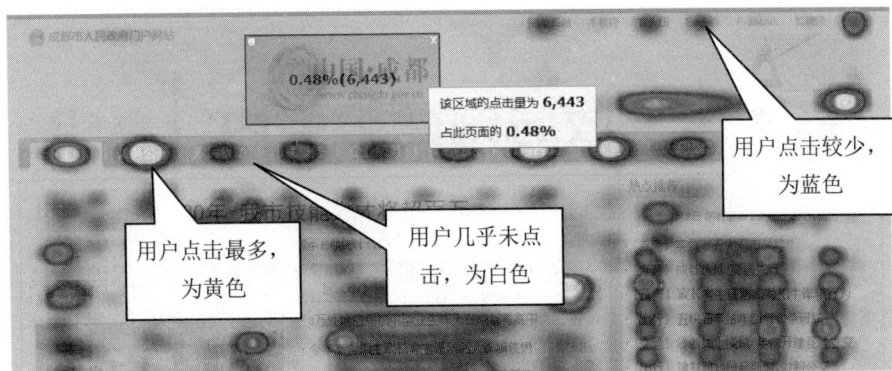

图 3-8　GWD 系统热力图工具示例

（资料来源：王璟璇，于施洋.基于用户体验的政府网站优化：精心设计服务界面[J].电子政务，2012(8):35-43.）

3.4　本　章　小　结

　　本章是政府网站服务需求分析改进部分，是政府网站服务供给的逻辑前提。首先，本章从政府网站服务对象识别和政府网站服务对象细分两个方面展开对服务对象的分析。其次，本章分析政府网站服务需求的特点，总结传统环境和大数据环境下现有政府网站服务需求分析方式并对这些方式进行了比较，并提出为适应大数据环境管理的政府网站服务需求分析方式的改进，即综合考虑分析范围的广度、深度、时效性、准确性等多方面来综合运用面谈法、问卷调查法、日志分析法、代码加载分析方法。为了这一改进，还从政府网站数据挖掘工具发展成熟度、构建服务需求诉求渠道两个方面提出影响这一改进的影响因素。最后，本章列举了国内外政府网站代码加载分析的实践案例。

第 4 章　政府网站服务内容重组

服务型政府的本质要求，是应当按照服务对象的需求拉动服务而不是基于自身来推动服务。这意味着，在对政府网站服务需求分析方式进行改进以后，有必要依照服务对象需求对政府网站服务内容进行重组。政府网站服务内容重组并非对现有政府网站服务内容的完全扬弃，而是在现有内容基础上以服务对象需求来进行重新组合。因此，首先要明确现有政府网站服务内容，然后在此基础上通过一定路径实施重组。基于政府职能对我国政府网站功能的定位可知，政府网站服务内容要以三点为基本要素：信息公开、在线办事、互动交流。国外一些政府网站近两年相继进行了改版，也是朝着这三个要素进行变革，而且这些改版中以栏目为载体的内容变化能够反映出其政府网站服务内容重组思想。在借鉴这个思想以及结合我国国情，可以从三个方面着手政府网站服务内容重组：一是基于政府职能来界定政府网站的服务业务；二是以政府网站栏目（政府网站服务内容的载体）或问卷调查来梳理已有政府网站服务业务；三是针对用户服务需求来优化政府网站服务内容。为了保证重组后的政府网站服务内容得到秩序化供给，还需要相应的网站运行机制和内容保障机制的支撑。

4.1　我国政府网站服务内容要素

从定位的角度来看，政府职能决定政府网站的功能范围与权限范围，进而决定政府网站服务内容。在我国，相关文件提供了指导。2005 年，在我国政府网站绩效评估工作中提出了中国政府网站三大功能定位："政务信息公开、在线办事、公众参与"[①]；2006 年 12 月 29 日，国务院办公厅发布的《国务院

① 张向宏，张少彤，王明明. 政府网站绩效评估指标体系——2006 年中国政府网站绩效评估回顾专题之一[J]. 电子政务，2007(4)：67-77.

办公厅关于加强政府网站建设和管理工作的意见》指出，政府网站是各级人民政府及其部门在互联网上发布政务信息、提供在线服务、与公众互动交流的重要平台[①]。2012 年发布的《国家电子政务"十二五"规划》又进一步提出，应"加强政府网站建设和管理，促进政府信息公开，推动网上办事服务，加强政民互动"[②]，持续提升政府网站的服务能力和水平是"十二五"期间电子政务的重要任务。可见，公共服务是我国政府网站的核心功能，而信息公开、在线办事和互动交流是现阶段我国政府网站服务内容的基本组成要素。

4.1.1　信息公开服务

政府信息的公开，是指政府通过多种方式公开其政务活动，公开有利于公民实现其权利的信息资源，允许用户通过查询、阅览、复制、下载、摘录、收听、观看等形式，依法利用各级政府部门所控制的信息[③]。相对于其他媒介而言，政府网站是公开政府信息的主要渠道，它所开设的政府信息公开专栏包括公开指南、公开目录、公开相关规定、公开年度报告、依申请公开申请流程，这些栏目所承载的信息公开服务在数量上和质量上比其他媒体仍然有优势。

政府信息公开是政府网站服务的基本内容，政府网站信息公开应遵循全面性、时效性、准确性、完整性、保密性、无障碍性等六项原则，信息公开以"公开为原则、不公开为例外"。公开政府拥有的四类主要信息资源，即管理规范和发展计划类、政府机构职能事项和人事类、与公众密切相关的重大事项类、公共资金使用和监督类[④]。各部门普遍将政府网站作为政府服务的主要渠道，在政府网站开设政府信息公开专栏，编制政府信息公开指南和公开目录，及时、准确、全面发布各类政府信息。以市级政府为例，其门户网站不仅要发布市政府常务会议、工作会议、政府规章、规范性文件以及新闻发布会、公报

---

① 国务院办公厅. 国务院办公厅关于加强政府网站建设和管理工作的意见[EB/OL].[2014-07-08]. http://www.gov.cn/gongbao/content/2007/content_521577.htm.
② 工信部信息化推进司. 国家电子政务"十二五"规划[EB/OL].[2014-06-30]. http://www.miit.gov.cn/n11293472/n11295327/n11297217/14562026.html..
③ 郑淑荣，赵培云. "数字政府"信息如何公开[J]. 信息系统工程，2003(3)：8-9.
④ 陈小筑. 中国政府网站建设与应用[M]. 北京：人民出版社，2006：38-41，43.

等内容，而且要公开审计、财政预决算、公共资源配置、重大建设项目、三公经费等内容。

4.1.2　在线办事服务

政府网站在线办事服务，是指以政府网站为平台，向用户提供不同的公共服务项目，主要实现方式包括办事指南、表格下载、在线咨询、在线查询、在线申报等。在线办事服务能体现政府网站服务的成本优势，更直接体现服务型政府的定位和特点。相比传统的办事方式而言，政府网站在线办事服务使得公众只需填报相应信息，就能接受所提供的服务，从而在时间和空间上有较大超越。可以说，在线办事是政府网站"最重要的功能，也是推行电子政务的根本目的所在"①。以商务部为例，商务部网站为配合行政审批改革的要求，不断完善优化在线办事系统，通过下发《商务部办公厅关于进一步完善我部网站在线办事系统的通知》，改变过去在线办事系统简单堆砌的表现方式，将已有系统按照用户对象、业务流程、办理条件、业务类型不同进行分类，并从用户角度编制办事指南。

4.1.3　互动交流服务

互动交流，是指政府通过政府网站与公民展开互动交流活动，了解与征集民意，并将其纳入公共政策制定当中。在实践中，互动交流服务的实现方式有领导信箱、意见征集、在线访谈、网络论坛、留言板等。互动交流服务是政府网站的服务内容之一，能够有效保障公民参与。与"公共参与"相近的概念包括"公众参与""公民参与""政治参与"等。"公共参与最早起源于托马斯·伍德罗·威尔逊（Thomas Woodrow Wilson）的'政治—行政'二分法"②。威尔逊最大的功劳在于将行政学从政治学中分离出来，他提出，政府包含"政治"

---

① 张锐昕，姜春超. 政府门户网站的功能及其保障机制[J]. 理论探讨，2007(4)：30-33.
② [美]约翰·克莱顿·托马斯. 公共决策中的公民参与[M]. 孙柏瑛，等，译. 北京：中国人民大学出版社，2005：15.

和"行政"两种功能，"政治"是国家意志的表达，"行政"是国家意志的执行，这两者是不同的功能，而公共参与意指公民能参与到"国家意志"的界定当中。近年来，政府网站的发展更是推动了电子参与，为参与式治理提供了一个更为灵活、高效的工具。政府网站服务决定着政府网站的实际效能的发挥，影响着政府网站吸纳各个治理主体的能力，从而反过来推动自身发展。正如彼得斯所述："在这样一个时代里，如果没有公众的积极参与，政府很难使其行动合法化。"①

整体而言，这三个服务内容之间并不是互相孤立的，而是相互联系和依存的。第一，信息公开服务包含互动交流服务。我国的《政府信息公开条例》规定了政府信息公开的两种方式：一种是政府通过网站、新闻发布会、广播、电视等媒介来主动公开政府信息；另一种是公民根据个人信息需求依照相应程序向政府提出申请以获取政府信息。后一种方式中实际上也是一种互动交流过程。第二，互动交流服务也是信息公开过程。除非涉及国家机密或者个人隐私，互动交流服务的过程一般都是以公开形式存在，其本身也就具有信息公开服务的属性。例如，《国务院办公厅关于加强政府网站信息内容建设的意见》规定，依法公开政府信息，做到决策公开、执行公开、管理公开、服务公开、结果公开②。第三，在线办事服务可以看作信息公开服务和互动交流服务的结合。在线办事服务包含着一系列信息公开服务和互动交流服务。例如，用户在政府网站进行网上审批时，首先需要通过政府网站的信息公开服务来了解网上审批流程，随后再通过网站来进行办事申请，待政府处理完之后，再通过网站了解处理结果。

4.2　国外政府网站服务内容重组

从国际发展趋势看，各国政府越来越重视发挥政府网站的公共服务职能。

---

① [美]B·盖伊·彼得斯. 政府未来的治理模式（中文修订版）[M]. 吴爱明，夏宏图，译. 北京：中国人民大学出版社，2013：41.

② 中国政府网. 国务院办公厅关于加强政府网站信息内容建设的意见[EB/OL].[2014-12-14]. http://www.gov.cn/zhengce/content/2014-12/01/content_9283.htm.

根据布朗大学调查发现，77%的政府网站提供了在线服务[①]。近年来，为了提高在线服务水平，一些国外政府网站也陆续进行服务内容重组。笔者结合联合国经济与公共管理局 2014 年电子政务排名以及近年网站服务内容重组情况，选取美国（排名第 7）、英国（排名第 8）、加拿大（排名第 11）三个政府门户网站为代表，对其相关实践进行讨论。这些实践对我国政府网站服务内容重组提供了借鉴。以下讨论是基于 2014 年 7 月通过直接访问网站的方式对网站进行调研的基础上进行的。

4.2.1　美国

4.2.1.1　美国政府门户网站的发展历程

自 20 世纪 60 年代开始，美国就充分发挥其信息技术领先优势，围绕提高行政效能、降低行政成本、改进政府管理，积极推进政府部门办公自动化和经济社会管理信息化。90 年代后期，美国电子政务的发展正式启动。1992 年，美国政府事务管理局（General Service Administration's Office，GSAO）发布了一项议程，力图实施一个面向美国政府的电子门户网站项目，后来被命名为 WebGov。这个项目得到美国总统的充分支持，并提出在接下来 90 天内开通美国政府门户网站。1996 年，美国政府发起"重塑政府计划"；进入 21 世纪，美国抓住互联网带来的机遇，将电子政务作为政府改革、提升国家竞争力的一项重要措施。2000 年 9 月，美国正式上线运作政府官方网站（www.firstgov.gov，见图 4-1），该网站整合了联邦政府的所有服务项，并与政府部门以及各州、市、县政府网站都建立了链接，使得政府网站与联邦各职能部门、州、市、县政府网站构成了一个前台与后台关系[②]，让公民可以通过前台网站就可以找到所有服务，成为世界各国公众了解美国、获取政府信息的门户。用户可以获取政府有关该服务内容下所有相关的政策规定、办事指南、收费标准等相关信息，并能够直接在线办理大多数事项。首页还设有"今日政

[①] 覃正，李艳红，黄骁嘉. 中美电子政务发展报告[M]. 科学出版社，2008：156.
[②] 袁文清. 美国政府信息资源的开发利用：经验和启示[J]. 图书馆，2009(2)：67-69.

府要闻"栏目，发布美国政府近期的新闻类信息；设立了政府部门目录、专栏信息等栏目，用户可以通过不同目录交叉查找所需服务。该网站的主要特色是整合各部门、州县的服务资源，按照统一的页面风格向各类用户以"一站式"方式提供服务。

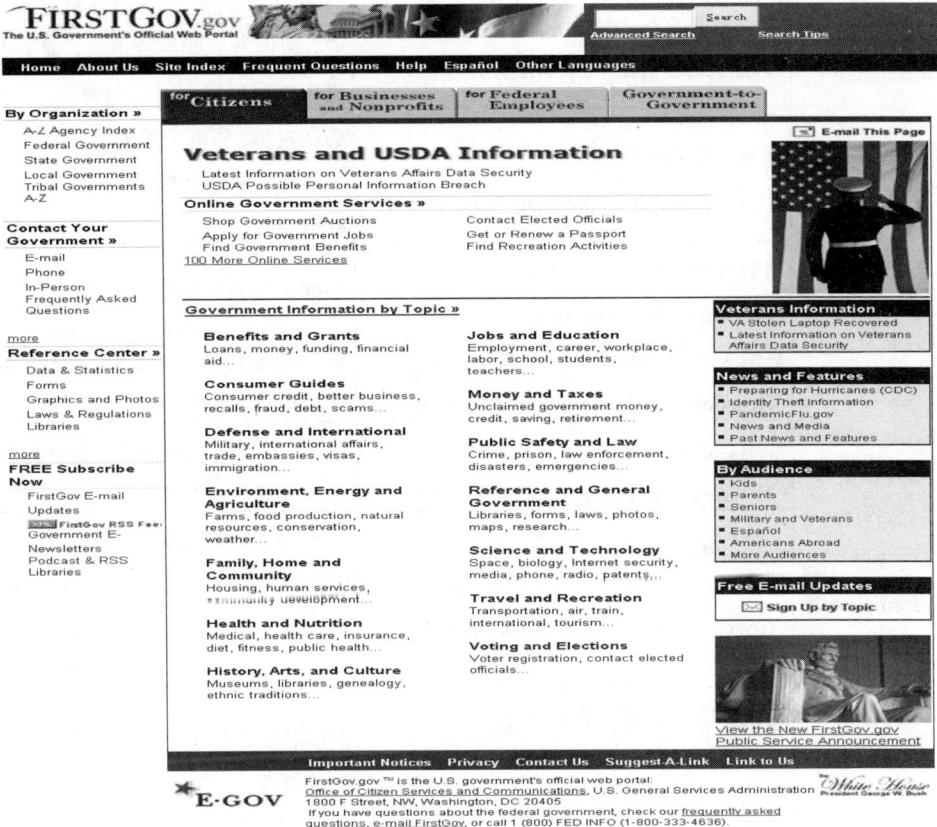

图 4-1　改版前的 www.firstgov.gov 网站

2007 年 1 月，美国对政府网站进行了再次调整，由 www.firstgov.gov 变更为 www.usa.gov。新版美国政府门户网站导航条栏目包括"服务与信息"（提供各种网上服务，如申请签证、居住表格下载、政府贷款等）、"政府机构与当选官员"（提供联邦机构、国家、地方机构、大使馆、领事馆列表信息等）、"博客"（各个领域的新闻评论，涉及经济、体育、科学等领域），见表 4-1。

表 4-1　www.usa.gov 栏目架构

一级栏目	二级栏目	栏目内容
服务与信息 （Services and Information）	福利、补助、贷款 （Benefits, Grants, and Loans）	学会如何从政府获得经济资助
	企业和非营利团体 （Businesses and Nonprofits）	寻找相关资源，用于创办和管理企业，或向政府购买或销售，或用于出口或进口等
	消费者投诉和保护 （Consumer Complaints and Protection）	总结投诉；领取免费的消费者行动手册；成为一个聪明的购物者；理解信用等
	消费者出版物 （Consumer Publications）	提供一系列主题的出版物
	自然灾害、公共安全、法律 （Disasters, Public Safety, and Laws）	有关自然灾害、突发事件、个人安全等信息和资源
	环境、能源、农业 （Environment, Energy, and Agriculture）	天气、能源、燃油效率、农业以及可再循环利用的资源等
	政府销售和拍卖 （Government Sales and Auctions）	从政府手上购买商品和房地产，其中一些可以通过拍卖或固定价格进行网上销售，其他部分则可以通过公开拍卖、投标等方式进行
	健康保险、营养、食品安全 （Health Insurance, Nutrition, and Food Safety）	健康状况、药物、保险、看护、营养等资源
	历史、宗谱、文化 （History, Genealogy, and Culture）	研究家族历史、美国历史和文化、图书馆、博物馆等
	移民、公民权、国际化 （Immigration, Citizenship, and International）	移民、国籍、签证、国外政策、军人、国际旅行方面的资源
	就业、培训、教育 （Jobs, Training, and Education）	职位空缺、教育和培训、工作场所问题、公共服务、志愿服务
	按揭贷款、住房、家庭 （Mortgages, Housing, and Family）	购买、出售或租住房子的信息

续表

一级栏目	二级栏目	栏目内容
服务与信息（Services and Information）	通行证和旅行（Passports and Travel）	办理或续签护照；探索旅行方式；获取前往美国旅行的信息
	公共服务和志愿服务（Public Service and Volunteerism）	了解政府工作，参加志愿服务、捐款等
	参考资料中心和一般政府（Reference Center and General Government）	了解美国假期、浏览形式、获取图片、数据和统计数字等
	投票和选举的记录（Register to Vote and Elections）	学习如何投票、了解选举团如何运作以及联系当选官员等
	科学和技术（Science and Technology）	通信、空间、生物、互联网安全
	无人认领的钱、税收、信用报告（Unclaimed Money, Taxes, and Credit Reports）	到银行领取储蓄金；保护个人身份、缴税等
政府机构与当选官员（Government Agencies and Elected Officials）	联邦政府（Federal Government）	美国联邦政府机构和官员信息，并可以通过名称等方式搜索相应部门和机构
	州、地方、部落政府（State, local, and Tribal Governments）	提供地方政府机构和官员的相关链接
	当选官员（Elected Officials）	联邦政府、州、地方政府当选官员信息
博客（Blog）		美国政府门户网站的博客，发布相关信息

通过对美国政府门户网站的栏目（表 4-1）进行梳理发现，在服务与信息栏目中，经过改版后的美国政府网站不再按照政府服务对象对服务内容进行分类，打破了将相关政府服务分成面向公民、面向政府工作人员、面向企业和非营利组织、面向外国来客的分类，而是改为按照服务主题进行分类，将与公民实际需求较为密切的福利、就业、医疗等内容进行主题分类。在政府机构与当

选官员栏目中，依照政府部门和机构将政府划分为联邦政府、州与地方和部落政府、政府官员信息三部分。政府机构页面涵盖该地区经济、文化、教育、卫生等方面的概况以及该州的新闻消息等。当选官员页面中，公众可以了解到包括美国总统、议员、州长等在内的政府官员信息。

4.2.1.2　美国政府门户网站服务内容重组的主要特点

第一，注重服务内容组织。www.firstgov.gov 按照服务对象、服务功能、服务主题等方面来划分栏目，如网站首页主要包括四个频道，分别面向公民、面向政府工作人员、面向企业和非营利机构、面向外国来客，并以面向公民为美国政府网站的默认主页。每个频道的主要栏目设置都保持着一致的风格，并按照用户类型或用户需求细分出相应栏目。改版后的 www.usa.gov（见图4-2）不再是以服务主体、服务对象进行划分，而是将所有服务按照 A 到 Z 的 26 个字母进行排列，将与用户最相关的就业、教育、福利、医疗、移民等服务按照主题分类。在服务界面设计上，改版后的 www.usa.gov 注重用户感受，改变过去类似报纸式的版面布局，而转向以图片和文字相结合的方式，并留出更多空白处。

第二，注重服务内容整合。一方面，对政府网站服务内容进行明确定位。最终改版后的美国政府网站设计简单明了，网站的口号是"Government made easy"，直接标识在政府网站左上方的 LOGO 上，体现了构建政府网站的新理念，即让美国政府网站变得更"便捷"。另一方面，根据用户需求设置政府网站服务内容。www.firstgov.gov 网站首页显著位置的主要内容是，按照政府信息的主题分类提供的目录链接，包括福利和补助、工作和教育、消费者指南、国防和外交、货币与税收、公共安全和法律、科学技术等 14 类主题，用户可以点击直接查找相关信息。最新版的美国政府门户网站针对用户关注重点而将服务内容分为六部分：搜索工具栏、栏目设置、服务主题、服务与信息、政府机构和当选官员、邮件订阅。

图 4-2　最终改版后的 www.usa.gov 网站

4.2.2 英国

从 1994 年开始，英国就开始着手电子政务建设，尽管其电子政务发展晚于美国，却大有后来居上的态势。1999 年，英国内阁办公室发布一份文件，决定提升政府形象和现代化水平，并改善政府向公民提供服务的方式①。该文件详细阐述其目标在于，公共服务能在 2008 年实现通过互联网全部可用。然而，在 2000 年 3 月，英国首相将这一目标的实现日期提前至 2005 年，并建立相应机制来监督所有政府机构能朝着这一目标前进。2000 年 4 月，英国电子政务整体战略得到发布，英国电子特使办公室（the Office of the e-Envoy）得以建立，旨在监督英国政府能在 2005 年实现这一目标。2000 年 12 月，英国政府创办 Gov.uk 门户网站。2007 年，为了使政府所提供的公共服务可以集成化，英国政府开决定关闭90%以上的政府网站，将已有的951 个网站缩减为26 个，此后英国政府信息主要通过 Directgov（ www.direct.gov.uk ）和 Business（www.businesslink.gov.uk）两个网站提供。此后，从英国政府两大门户网站之一的 Directgov 上可以找到所有的政府部门的信息和各种公共服务项目②。

改版前的英国政府网站（见图 4-3）主要围绕本国公民实际需求提供在线办事、信息发布和互动沟通。网站导航条上包括交流联系、在线处理、新闻库、视频四个栏目，网站首页显著位置是网站面向本国公民提供的具体服务索引。服务索引主要按照两种方式提供，一是按照服务主题提供了监管、教育和学习、税收财务、家庭社区、旅游运输、护理、环境保护、政治权利等类别；二是按照用户类型进行划分，主要是按照父母、劳动者、年轻人、残疾人、老年人等多种用户对象进行服务资源的整合。在两类服务索引下，政府相关事项的办事资源得到充分整合。

---

① British Government. The Government On-Line International Network Project on Portals [EB/OL].[2014-10-30].http://www.governments-online.org/documents/portals.accletter.pdf.
② 林大茂. 英国电子政务网站缘何"瘦身"？[N]. 通信信息报，2007-11-07(B04).

图 4-3　改版前的英国政府门户网站 www.direct.gov.uk

2012 年 2 月，英国政府网站实施改版，将老版网站 Directgov
（www.direct.gov.uk）和 Business（www.businesslink.gov.uk）整合成一个（见
图 4-4）。2013 年 4 月 16 日，由英国政府的数字服务部所负责设计的英国政府
网站 Gov.uk 因优雅与简洁的设计获得了英国 2013 年度设计大奖[①]，该奖项相当
于设计界的奥斯卡。改版后的英国政府门户网站主要包括四大部分：搜索工具

① 张嵩浩. 英国政府"无趣"官网为什么得大奖？[EB/OL].[2015-03-27].
http://www.yicai.com/news/2013/08/2956571.html.

栏、服务和信息、部门和政策、其他。

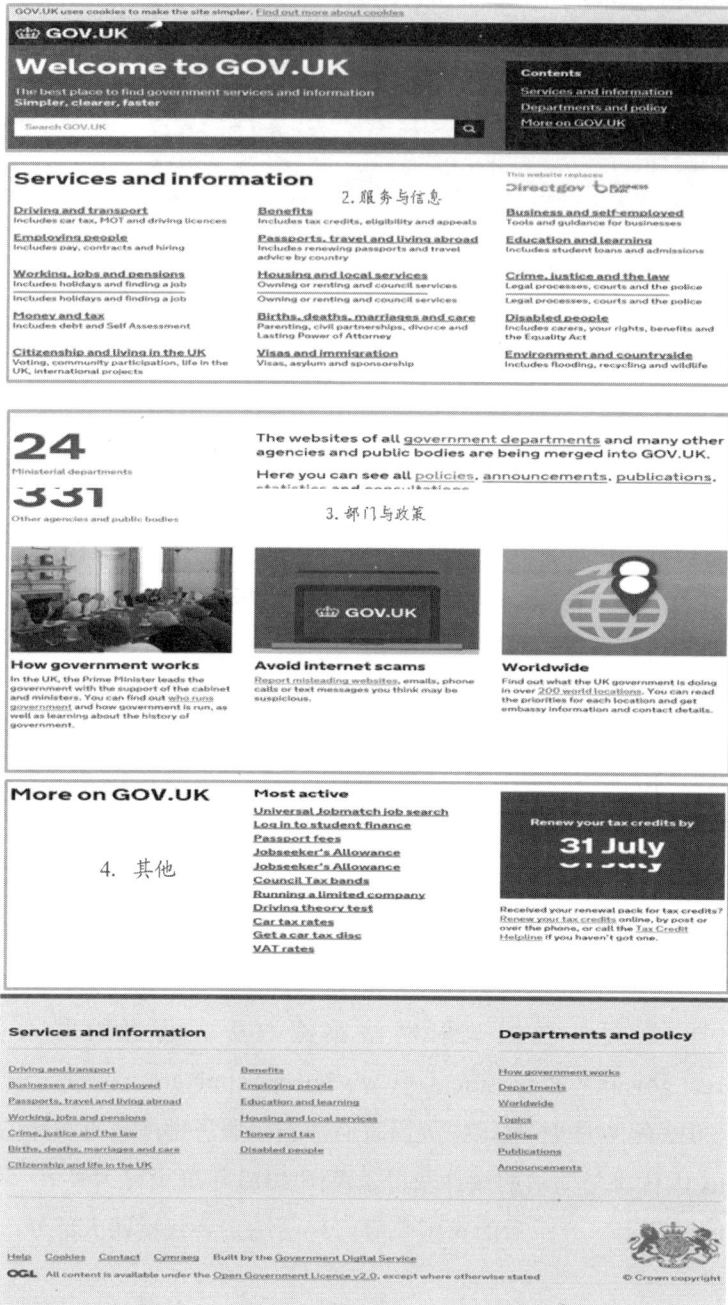

图 4-4　改版后的英国政府门户网站 Gov.uk

通过对英国政府门户网站主要内容（表 4-2）梳理发现，改版过程中强调内容整合。新版网站左上方显示"为了更便捷、清晰、快速寻找政府服务和信息"，并在网站中间右方显示"本网站取代 Directgov 和 Business Link"。自 2012 年 10 月起，包括英国首相办公室在内的英国 24 个中央部委网站被整合在一个官方网站 www.gov.uk①，这项改革将更有利于公众信息的集中处理，以此提高效率。2013 年 5 月，英国所有 24 个部委以及其他 28 个组织全部迁移至 Gov.uk②。该网站在 2014 年完全整合了各种政府机构和公共部门。

表 4-2 改版后的英国政府门户网站栏目架构

栏　　　目	栏 目 内 容
服务与信息	交通出行、招聘、就业与养老金、税收、公民权、福利、护照、旅游和国外生活、住房和地方服务、出生、死亡、结婚和护理、签证和移民、企业和创业、教育和学习、犯罪、司法、残疾人、环境和农村
部门与政策	政府机构、政策、通告、出版物、统计、咨询、政府机构运作、避免互联网诈骗、政府与世界
其他	工作搜索、学生资助登记、护照费、求职者补助、议会税收级别、创建有限责任公司、预约官方驾驶理论测试、计算车辆税率、更新税牌、增值税率

4.2.3 加拿大

2001 年，加拿大建立政府网站，成为加拿大所有联邦政府网站的服务总站。进入加拿大政府网站（见图 4-5）的进站页面，就会呈现英语和法语两种语言的选择按钮。加拿大通过向公民提供在线信息和服务而在电子政务方面取得较大成就，而这在世界同类工作中位于领先行列。

---

① 韩冰. 英国政府网站如何做"减法"[N]. 新华每日电讯，2013-10-30(003).

② Loosemore T. The Story of GOV.UK So far, in Pictures[EB/OL].[2014-06-12]. https://gds.blog.gov.uk/2013/05/01/govuk-in-pictures/.

图 4-5 改版前的加拿大政府门户网站

　　加拿大政府门户网站包括三个频道：第一个服务于公民，第二个服务于企业，第三个服务于国际用户。加拿大政府网站导航上的栏目包括"最新动态""出版物和报告""关于政府""关于加拿大""行政区划"。"最新动态"栏目中，发布最近与政府有关的各方面动态新闻；"关于政府"介绍加拿大部门和机构的情况；"出版物和报告"是对加拿大出版社以及政府和民间机构的出版物进行介绍；"行政区划"则是对加拿大省份和地区的介绍。首页设置的栏目包括：我的政府、服务、资源中心、特色、保持联系、热点服务、你知道……、搜索工具栏（见表 4-3）。

表 4-3　重组前加拿大政府门户网站首页栏目

栏　　目	主　要　内　容
我的政府	提供国家领导人、中央政府、议会和最高法院的简介以及政府新闻等信息
服务	按照"服务加拿大""加拿大商业""加拿大国际"三类主题分别整合相应的办事服务资源，并对每一类主题按照不同分类方式提供目录索引
资源中心	集中了加拿大政府所有机构、议员的联系方式，对网站所有的办事服务进行整合，按照字母顺序提供索引目录、在线服务和表格下载的所有地址，还提供了加拿大新闻、概况、地区版图等基础信息的栏目入口
特色	提供了加拿大的相关政府规划
热点服务	整合了公众关注度较高的 12 类服务，包括天气预报、就业、税收、社会保险、创业、信贷、经济福利、签证、移民、加拿大公积金计划、老年人安全，并将有关服务的政府办事资源和企业办事资源进行了整合
你知道……	对加拿大相关知识的介绍

　　2013 年 12 月 18 日，加拿大启动了服务内容重组后的政府网站（http://www.canada.ca，见图 4-6），该网站首页提供英语和法语双语服务。网站布局紧凑，首页共设置"就业""移民""旅行""商业""福利""健康""税收""更多服务"八个栏目。

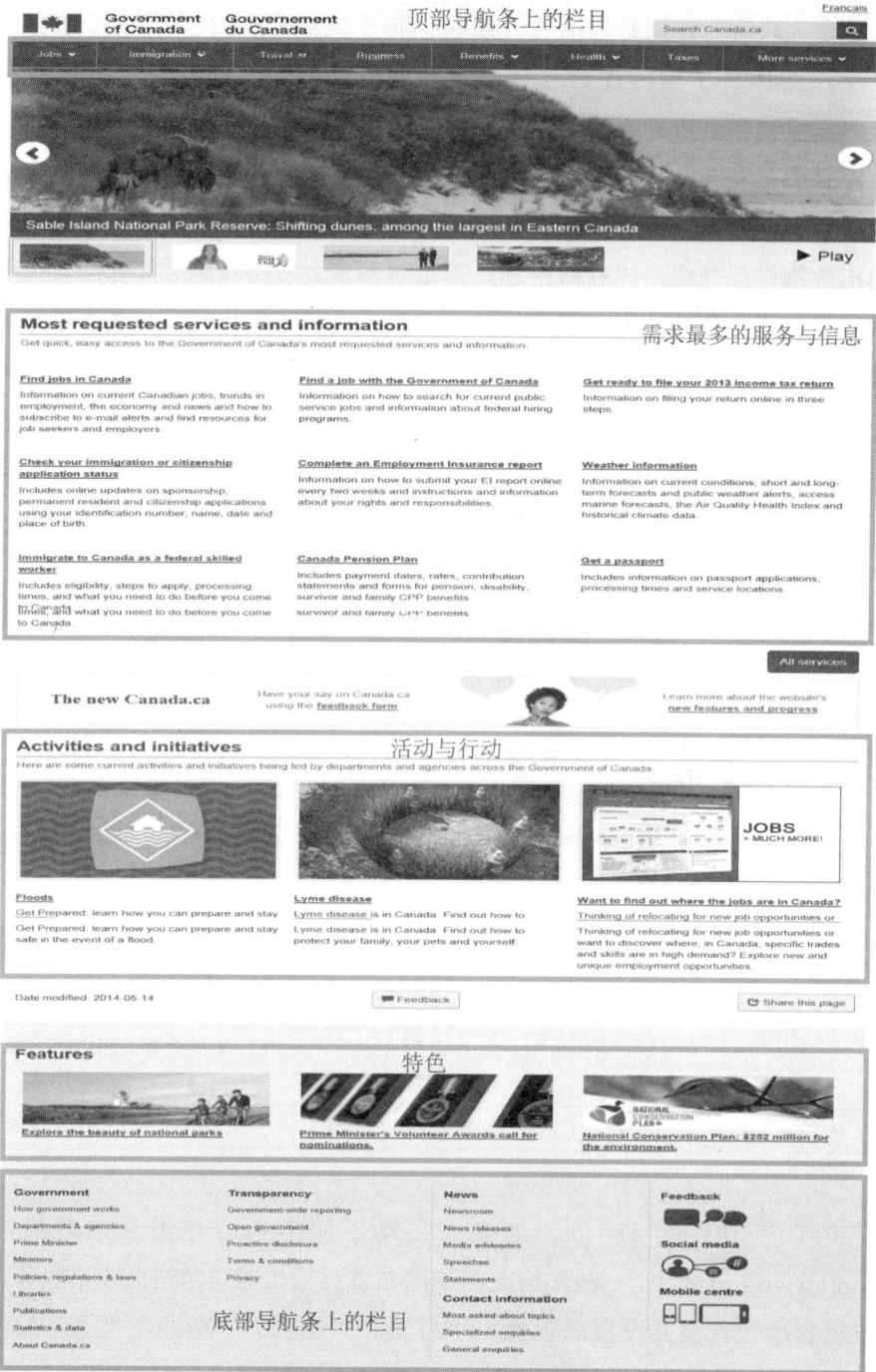

图 4-6　改版后的加拿大政府门户网站

通过对加拿大政府门户网站栏目进行梳理，发现导航条中已有和没有显示的栏目见表 4-4 和表 4-5。

表 4-4　导航条中的栏目

	一 级 栏 目	二 级 栏 目
顶部导航	就业（Jobs）	寻找工作（Find ajob）、培训（Training）、退休金及退休（Pensions&Retirement）、工作场所标准（Workplace Standards）
	移民（Immigration）	移民、游玩（Visit）、工作（Work）、学习（STUDY）、公民权（Citizenship）、新移民者（New Immigrants）、加拿大人（Canadians）、我的申请（My Appliction）
	旅行（Travel）	新闻与通知（News and Warnings）、国外旅行（Travelling Abroad）、返回加拿大（Returning to Canada）、帮助（Assistance）
	企业与工业（Business & industry）	
	福利（Benefits）	就业保险（Employment Insurance）、家庭福利（Family Benefits）、退休和公共养老金（Retirement and Public pensions）、教育与培训福利（Education & Training Benefits）、住房补贴（Housing Benefits）、残疾补贴（Disability Benefits）
	健康（Health）	健康加拿人人（Healthy Canadians）、召回与安全警报（Recalls and Safety Alerts）、食品营养（Food & Nutrition）、药物与天然健康品（Drugs & Natural Health Products）、免疫与疫苗（Immunization & Vaccines）、疾病与健康状况（Diseases & Conditions）、第一国家与因纽特健康（First Nations & Inuit Health）、针对健康专家（For Health Professionals）、针对产业（For Industry）
	税收（Taxes）	
	更多服务（More）	环境与自然资源（Environment & Natural Resources）、防卫与安全（Defence & Security）、艺术、文化以及文化遗产（Arts, Culture & Heritage）、公共安全（Public Safety）、运输与基础设施（Transport & Infrastructure）、加拿大与世界（Canada & The World）、货币与财政（Money & Finances）、科学与创新（Science & Innovation）

续表

一 级 栏 目		二 级 栏 目
底部导航	政府（Government）	政府运作、部门与机构、总理、部长、政策、规则与法律（Policies, Regulations and Laws）、图书馆、出版物、统计数据、关于 Canada.ca（About Canada.ca）
	透明（Transparency）	政府层面的报告（Government-wide Reporting）、开放政府（Open Government）、主动公开（Proactive Disclosure）、条款与条件（Terms & Conditions）、隐私（Privacy）
	新闻（News）	新闻编辑室（Newsroom）、新闻发布（News Releases）、媒体报告（Media Advisories）、演讲（Speeches）、声明（Statements）
	联系信息（Contact Information）	

表 4-5 导航条中没有显示的栏目

一 级 栏 目	二 级 栏 目
需求最多的服务与信息（Most requested services and information）	就业（Find jobs in Canada）、检查移民或公民身份申请状态（Check your immigration or citizenship application status）、以联邦技术工人身份移民至加拿大（Immigrate to Canada as a federal skilled worker）、寻找在加拿大政府就业的信息（Find a job with the Government of Canada）、完成就业保险报告（Complete an Employment Insurance report）、加拿大公积金计划（Canada Pension Plan）、天气信息（Weather information）、办理护照（Get a passport）
活动与行动（Activities and initiatives）	食物（Floods）、莱姆病（Lyme disease）、想了解在加拿大何处寻找工作？（Want to find out where the jobs are in Canada?）（注：此区域主要是以主题的形式发布加拿大政府所实施的最新活动与行动）
特色（Features）	探索国家公园的美丽（Explore the beauty of national parks）、总理的志愿者奖项：总理博格尔宣布递交提名的新期限（Prime Minister's Volunteer Awards: Minister Bergen Announces New Deadline to Submit Nominations）、国家保护计划：对环境投资 2.52 亿美元（National Conservation Plan: $252 million for the environment.）（注：此区域主要是发布加拿大政府的特色服务与信息）

　　总体而言，本次加拿大政府门户网站注重服务内容的整合。加拿大政府之所以发起新版网站，是力图在 2016 年能够将 100 多个加拿大联邦部门和机构的 1 500 个分散网站整合成一个①。相对于旧版网站而言，新版网站不再是按照面向公民、企业、国际用户来划分，而是将主要服务内容整合为七个栏目并呈现在首页导航条。为了突出重点服务内容，"需求最多的服务与信息"栏目整合了政府网站中最重要的服务内容，让用户能在第一时间获取核心服务资源。

　　通过对美国、英国、加拿大三个国家政府门户网站的新旧版本进行比较，发现主要呈现表 4-6 和表 4-7 中的特点。

表 4-6　国外新版政府门户网站特点

国　家	网　址	首页主要呈现栏目/信息	首页重点功能展示	用　户　互　动
美国	www.usa.gov	服务与信息、政府机构与当选官员、博客	搜索、邮件订阅、RSS 订阅、常见问题解答	Chat/ E-mail/ Phone/ Facebook/ Twitter/YouTube/ USA.gov　Blog/StumbleUpon/ RSS/ Postal Mail
英国	www.gov.uk	信息和服务、政策和文件、其他	搜索/帮助	Contact GOV.UK/ Email/Blog/Facebook/Twitter
加拿大	www.canada.ca	就业、移民、旅行、商业、福利、健康、税收、更多服务	搜索/反馈/社会媒体/移动中心	Telephone/Email/Facebook/ Twitter/Tumblr/Diigo/Stumble Upon/reddit/Delicious/ Pinterest/Blogger/MySpace/ Bitly/YouTube/Flickr

表 4-7　国外旧版政府门户网站的特点

国　家	网　址	首页主要呈现栏目/信息	首页重点功能展示	用　户　互　动
美国	www.firstgov.gov	面向公民、面向企业和非营利机构、面向政府工作人员、面向外国来客四个频道	搜索、邮件、订阅、常见问题解答	E-mail/ Phone/ RSS

① About Canada.ca[EB/OL].[2014-06-18]. http://www.canada.ca/en/newsite.html.

续表

国　家	网　址	首页主要呈现栏目/信息	首页重点功能展示	用户互动
英国	www.direct.gov.uk、www.businesslink.gov.uk	热点服务、按照服务主体和服务对象划分的服务、地方服务	搜索/移动终端/帮助	Facebook/Twitter/Delcious/Stumbleupon/Reddit
加拿大	www.canada.ca	我的政府、服务、资源中心、特色、保持联系、热点服务、你知道……	搜索	RSS

　　通过比较发现，国外政府网站公共服务存在内容重组：在政府网站服务内容上，改版后的政府网站栏目明显减少。例如，美国政府网站过去是以服务对象、服务主题来划分栏目，而改版后的网站则是将栏目进一步整合为几个板块。重组前，美国政府网站是依照服务主题和服务对象两个维度交叉组织栏目内容；重构后，该网站则秉持"Made Easy"这一新理念，将政府网站栏目精简为三个一级栏目。英国、加拿大则是按照机构业务维度作为栏目内容的分类标准的基础上，根据用户需求设置了"热点服务""最多请求的服务与信息"，从而有效结合了政府与用户两个维度来划分栏目。

　　基于对美国、英国、加拿大三个国家政府门户网站进行调研发现，这些网站的"服务"栏目实质上就是在线办事，而通过对这三个国家政府门户网站内容组织规律进行总结发现，总体包括信息公开（政府机构、新闻、政府文件、国家相关信息）、在线办事（服务）、互动交流（社交网络、多媒体资源、社会化分享、订阅信息、联系信息）三个部分（见表4-8）。

表4-8　3个国家政府门户网站内容规律总结

	政府机构	新闻	政府文件	国家相关信息	服务 主题	服务 对象	社交网络	多媒体资源	社会化分享	订阅信息	联系信息
美国	√	√			√	√		√	√	√	√
加拿大	√	√	√		√	√	√		√		√
英国	√		√	√	√						

4.3　我国政府网站服务内容重组路径

通过对我国政府网站服务内容定位和国外政府网站服务内容重组可知，政府网站服务内容应当包括信息公开、在线办事、互动交流三个要素，必须要以用户需求为中心，而且这个理念的前提是基于政府职能。为此，我国政府网站服务内容重组路径可以从三个步骤来进行（见图4-7）。

```
┌─────────────┐    ┌─────────────┐    ┌─────────────┐
│政府职能框架下政府│──▶│政府网站服务业务梳理│──▶│基于用户需求的政府│
│网站服务业务界定 │    │             │    │网站服务内容优化 │
└─────────────┘    └─────────────┘    └─────────────┘
```

图 4-7　政府网站内容重组实施的基本思路

4.3.1　政府职能框架下政府网站服务业务界定

政府职能是反映一定历史时期内政府所承担的职责和发挥的功能，政府既承担着经济发展的职责，也拥有社会管理、公共服务、生态文明建设等职能。政府网站就是对政府职能履行情况的网上反映，因此政府网站服务内容必须在政府职能框架进行网站定位。政府网站定位是指关于政府网站对服务内容的定义，必须坚持明确定位。正如约吉·贝拉（Yogi Berra）所指出：如果根本不知道要去哪儿，那么任何一条路都可以带你通往其他不同的地方[①]。

一方面，政府职能涉及社会各个方面，但政府并不是万能的，不能将原本社会管理的事务纳入自身职责范围。因此，政府网站必须做好自身定位，其与商业网站存在一些差异：第一，政府网站的收入主要来自纳税人，商业网站收入主要来自其顾客；第二，由于政府是合法性公共部门的唯一代表，对公共物品进行垄断性供给，因而政府网站不像商业网站那样因存在竞争而出现优胜劣汰，而商业网站的动力主要来自竞争；第三，政府网站是为了实现公共利益，

[①] 张明．有效政府理论及其对中国改革的启示[J]．行政与法，2003(5)：14-17.

而商业网站是以赢利为目的。可见，政府网站与商业网站的工作目标和思路有很大不同，如果将这两者合二为一的话，就会偏离自身职责。考虑政府网站的好坏，关键在于其能否充分发挥支撑政府工作的作用。另一方面，政府网站服务内容不是一成不变的，它需要随着政府职能的不断演变而做出相应调整。经济调节、市场监管、社会管理、公共服务四项职能是目前我国计划经济向市场经济转型中政府职能转变的一个阶段性目标，而在 2013 年 11 月 15 日发布的《中共中央关于全面深化改革若干重大问题的决定》则明确提出："加强中央政府宏观调控职责和能力，加强地方政府公共服务、市场监管、社会管理、环境保护等职责。"[①]这一表述也是当前政府网站服务内容的核心理念。随着我国市场经济进一步得到完善，政府的服务职能会强化，而市场监管职能则会被弱化，政府网站服务内容也要随之得到调整。政府网站服务内容的调整，实质上是一种以政府职能为中心来对业务和流程进行整合和再造的过程，从而为政府职能行使制定了潜在的技术规制；同时，政府职能为政府网站服务内容创造良好环境，因而必须适应政府职能转变。

作为一个政府网站，其服务内容设计首先要考虑的是这个政府所承担的政府职能，即政府网站架构有没有很好体现这一职能，然后才是在这个架构之下再考虑怎样满足用户。从实现方式来看，政府部门通常是选取本部门最重要的职能服务信息加以拓展，并将其作为一种行政责任强制推行，把服务信息传递给公众，因而力度大、效果好；而地方政府的公共服务则重视传统公共服务资源的特性，利用网络、社区服务中心和电话呼叫中心等传统手段相结合，全方位地提高服务效率和水平[②]。各级政府都有自己的唯一的政府门户网站，而这些网站的服务内容可以依照自身政府职能来界定。依照行政层级划分，我国政府可以划分为五个层级，分别是中央、省、市、县、乡镇。由于各级政府在行政管理体系中所扮演的角色和发挥的作用不尽相同，因而各级政府的职能也呈现不同特点。当前，相关法律对各级政府职能进行细化，但倘若依照中央、

① 人民日报. 中共中央关于全面深化改革若干重大问题的决定[EB/OL].[2014-10-23].
　　http://paper.people.com.cn/rmrbhwb/html/2013-11/16/content_1325398.htm.
② 汤丽. 政府网站公共服务体系建设的思路[J]. 电子政务，2011(9)：93-97.

省、市、县、乡五个层次来确定政府网站服务内容，则层级过多，而且各地市、特别是区县乡缺少政府网站的人才和资金保障；另一方面考虑到"省直管县"改革的深入，行政层级可能发生变化，因此采取中央政府和地方政府两个分层方式。本文采用"大政府"概念，将我国政府划分为中央政府和地方政府。地方政府是与中央相对而言的，即包括省（自治区、直辖市）、地（自治州、盟）、县（县级市、市辖区、自治县、旗）和乡（镇、民族乡、街道办事处）四级政府。中央政府与地方政府的职能比较见表 4-9。

表 4-9　中央政府与地方政府职能比较

共 同 内 容	差 异 内 容
法规制定和修订；法规颁布；领导所属部门；人事管理；经济、城乡、教育、科学、文化、卫生、体育、计划生育、民政、公安、司法行政和监察；保障公民合法权益；民族事务；改变或撤销所属部委或部门的不适当规定	中央政府包括行政区域、职权划分、编制国民经济和社会发展计划、管理对外事务、决定部分地区紧急状态等职能；地方政府则是包括执行国民经济和社会发展计划职能，但无国防和外交职能

由此可见，中央政府主要职能包括：一是行使一些地方政府所不具有的职能，包括军事、外交、行政职能划分、行政机关编制审定等；二是宏观决策制定；三是决定和执行那些不宜按行政区划管理的事务，如安全、地震、气象等。地方政府的主要职能：一是法律法规制定，其中省级以上政府和大型城市政府有权制定行政规章，而县级以上政府有权颁布决定和命令；二是对本区域行政事务的管理；三是领导和监督本级政府职能部门和下级政府的行政工作。地方政府职能具有双重性，一方面要对上级政府负责，另一方面又要对本级人民代表大会负责。从整体上讲，全国地方政府都是中央政府统一领导下的行政机关，都要服从中央政府。尽管国家政府的职能由中央政府和地方政府共同行使，都包括政治、经济、社会和文化方面，但两者还是存在差别。"对于中央政府而言，政治职能居于首要地位，社会职能是其重要职能；对于地方政府而言，组织和调控地方经济建设、维持当地稳定、保护社会公平、为公众提供社

会管理和公共服务在地方政府职能中居于优先位置"[1]。"服务性是政府职能的基本特性，但对地方政府更为突出"[2]。具体在公共服务方面，我国宪法、政府组织法和一些专门法对各级政府公共服务职责已有初步的规定，但在职责内容上缺乏明确的区分，各级政府的公共服务事项和权限只有大小之分，而无内容之别。例如，按照有关法律规定，除国防、外交明确属于中央政府的专有职责外，其他公共服务职责，如教育、卫生、科学、文化、城乡建设、民政、公安等，都属于中央政府和县以上地方政府的共有职责，几乎一一对应，上下一般粗，存在着职责交叉重复、模棱两可等问题[3]。但是，通过比较各级政府职能以及前文对国外政府网站服务内容的比较，可以确立我国不同层级政府的公共服务职责的发展方向（见表4-10）。

表4-10　各级政府的公共服务职责分工

共同的公共服务职责	中央政府专有的公共服务职责	地方政府专有的公共服务职责
公共教育和医疗；区域公路和公共交通；土地使用管理；自然资源管理；区域安全；灾害救助；环境保护；公共卫生；基础科研；社会福利；扶贫救济	国防、外交；社会保障；重大科研、国家级文化设施保护；国家级公路、航空、铁路、能源电力；邮政、全国公共广播和电视等	初级医疗保健、地方性的道路、公共交通和公共设施；供水、供电、供气、排污、垃圾处理等公用事业；消防、地方治安等

对于政府部门网站服务业务界定，则可以根据"三定"方案以及机构设置情况来确定。然而，在政府部门网站服务业务界定过程中，尽管政府"三定"方案对各政府部门职责、人员编制等做了明确规定，但也存在一定问题：①"三定"方案过于宏观，并没有做到精细化；②尽管"三定"方案最终汇总至编制办并进行审定，但这些方案实质还是由各个政府部门自身制定，这种碎

[1] 周平. 当代中国地方政府[M]. 北京：人民出版社，2007：249.

[2] 徐勇，高秉雄. 地方政府学[M]，北京：高等教育出版社，2006：5.

[3] 沈荣华. 各级政府公共服务职责划分的指导原则和改革方向[EB/OL].[2015-03-01].
http://www.cpaj.com.cn/news/2012313/n96.shtml.

片化情境促使缺乏整体性；③各个部门制定的"三定"方案有的进行发布，有的则是没发布。因此，中央编办和地方编办有必要牵头，利用现代信息技术，执行"三定"信息系统，掌握各个地方"三定"方案中有关政府职能、机构设置、人员组成等方面情况，从而将"三定"方案精细化。

4.3.2　已有政府网站服务业务梳理

对政府网站服务业务的梳理，旨在勾勒出政府网站服务业务和服务架构，以便从业务角度出发，结合用户服务需求挖掘可以实现上网的服务，进而建立完善的政府网站。具体而言，已有政府网站服务业务的梳理存在通过政府网站栏目和问卷调查两种方式来梳理。对于政府门户网站而言，更多可以采用前者；对于政府部门网站而言，则可以综合运用两种方式。

4.3.2.1　基于政府网站栏目的服务业务梳理

辞海将"栏目"定义为，报刊、电视、广播中按内容性质划分并标有名称的专题部分[①]。通过将这一定义与政府结合可知，政府网站栏目是政府网站的内容索引，能够将政府网站主体部分呈现出来，从而对政府网站需要进行展现的信息给予提示。从技术角度来看，政府网站栏目是指向栏目内容的入口；从内容角度来看，政府网站栏目是政府网站内容的分类；从服务角度来看，政府网站栏目是使用政府服务的窗口；从业务的角度来看，栏目的背后则是相关部门的业务职能。

政府网站栏目编排后所展现的政府网站服务分类可以看做政府网站服务内容的栏目展现形式。栏目编排的分类结果，可以直接成为栏目的形式，体现服务内容与栏目形式的统一。因此，可以通过对政府网站栏目的现状进行梳理，从而重构政府网站服务内容。当前，许多政府网站上的《网站地图》就可以清晰呈现政府网站各个栏目之间的联系（见图 4-8 和图 4-9）。

[①] 翟文明，李治威．辞海[M]．北京：光明日报出版社，2002：668．

图 4-8　国家质检总局网站首页

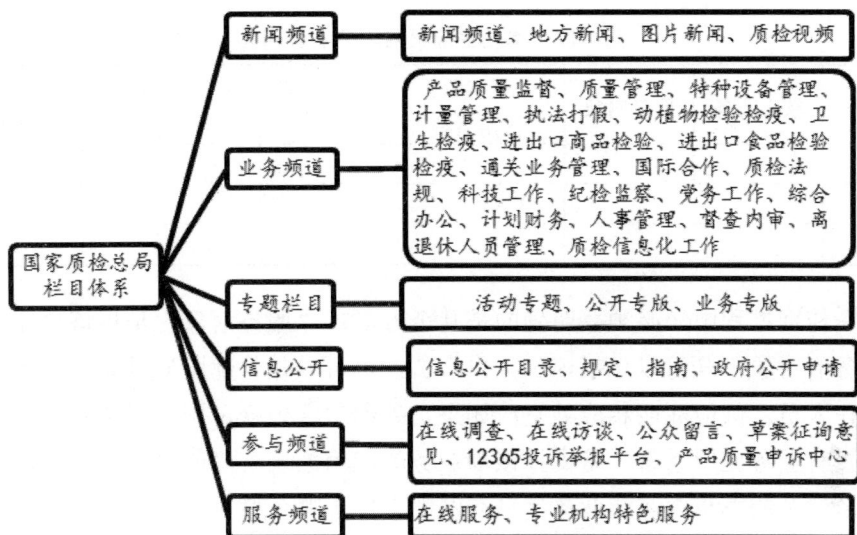

图 4-9　国家质检总局网站栏目架构

4.3.2.2　基于问卷调查的服务业务梳理

首先，对政府职能部门的服务业务进行梳理，包括行政许可事项以及非行政许可事项。其次，根据这些服务业务的不同属性，确定其可能产生的可服务的信息资源。对于行政审批以及许可事项以办事指南、表格下载、状态查询、办理结果等服务资源为主；对于非许可非审批的信息资源则以统计数据、名单名录、标准规范、资金信息等服务资源为主。最后，将服务业务信息资源调查问卷发放给各个相关处室，由它们进行确认和核实[①]。具体而言，可以分别针对职能部门各业务处室设计政府网站服务业务调查问卷（见表 4-11 和表 4-12）。

表 4-11　本处室已上网业务调查问卷

序号	核心业务	服务对象	是否有业务应用系统	所属栏目	网上业务流程是否清晰	需要完善和添加的内容
1						
2						
3						

---

① 王友奎，周亮，王凯. 服务型政府网站的体系架构探讨[J]. 电子政务，2011(1)：6-19.

表 4-12　本处室未上网业务调查问卷

序号	核心业务	服务对象	是否有业务应用系统	是否能够上网	可以提供哪些内容上网	无法上网的原因
1						
2						
3						

在梳理过程中，必须要明确的是几个方面："服务对象"是指该项业务主要服务的对象，既可以包括内部工作人员，也可以是外部服务对象。如果是内部工作人员，则应注明相应处室；如果是外部服务公众，则注明是哪类群体。"是否有业务应用系统"是支撑该项业务的应用系统。"所属栏目"是指该项业务所涉及的办事内容或业务信息在网站上位于哪个栏目。"网上业务流程是否清晰"是指该业务的主要流程是否在网上清晰描述。"需要完善和添加的内容"是指该项业务还有哪些信息或服务可以进一步完善或上网。"是否能够上网"是指该项未上网的业务是否可以进一步实现网上信息公开或网上办理。"可以提供哪些内容上网"是指如果当前业务能够上网，请指出可以上网的业务内容或信息内容。"无法上网的原因"是指如果当前业务没有上网，并且今后一段时间也不可上网，请说明无法上网的原因。

4.3.3　面向用户的政府网站服务内容优化

通过面谈法、问卷调查法、政府网站日志分析、政府网站代码加载分析方式来把握用户的服务内容需求之后，政府网站管理人员需要将现有服务内容与用户需求的内容进行对比，并按用户需求对政府网站的栏目进行设计、调整与优化。具体包括以下几方面：

（1）按照政府网站用户浏览"F"形分布规律，把重点和热点服务内容放置在页面首屏中部、第二屏上部和页面左侧等位置，提高页面布局的合理性。据美国著名网站设计师杰柯柏·尼尔森（Jakob Nielsen）于 2006 年 4 月发布的名为《眼球轨迹的研究》[①]报告显示，大多数用户都呈现"F"形状的模式来阅

[①] Nielsen J.F-Shaped Pattern For Reading Web Content[EB/OL].[2014-12-23].
http://www.nngroup.com/articles/f-shaped-pattern-reading-web-content/.

览网页，而这一习惯决定了网页会呈现"F"形的关注热度（见图 4-10）。具
体而言，用户首先以水平轨迹浏览网页最上部分内容，接下来眼神下移并以水
平浏览轨迹浏览比上一步稍短的区域，最后会将眼神沿着网页左侧垂直浏览。

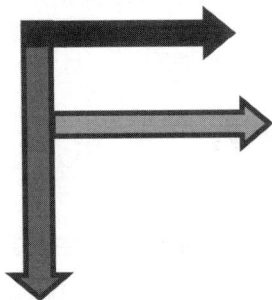

图 4-10　网站 F 形浏览轨迹

（2）基于网站栏目关系动态调整网站栏目架构。按照用户访问的行为规
律，分析用户在网站中的常见访问路径和跳转方式，形成优化政府网站栏目架
构（见图 4-11）。

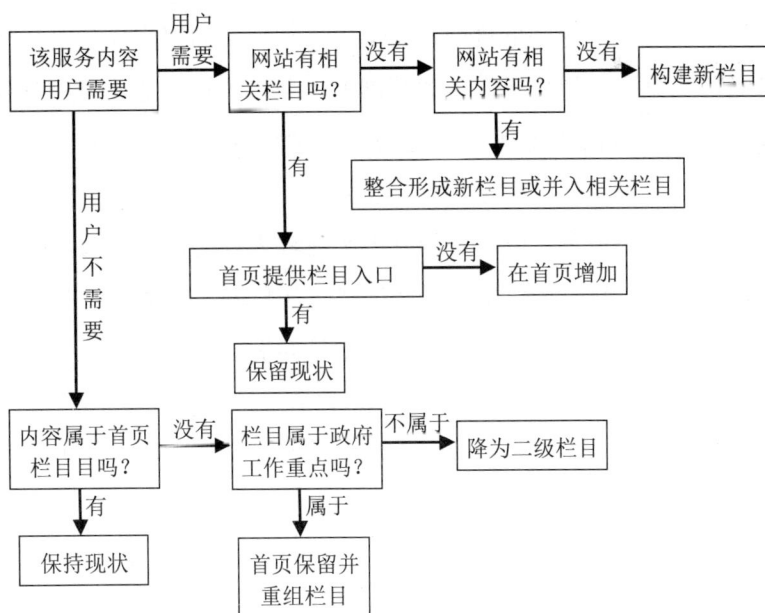

图 4-11　政府网站服务内容优化

针对一些需求动态性比较强的栏目，可以将这些内容进行定期重组。例如，按照国家、省关于政府网站绩效评估的相关要求，"中国通州"网站每年都会开展升级改版工作，美化网页，优化功能。目前，网站改版已成为一项常态化工作[①]。

4.3.4 应用案例：中国政府网

2014 年，中国政府网改版就利用了大数据分析技术对用户行为进行全面研究，并以此为依据进行服务内容重组。中国政府网于 2006 年 1 月 1 日正式开通，在首页设置了"今日中国""公文公报""工作动态""主题服务"等 27 个栏目，针对公民、企业、外国人整合了服务信息。2008 年 5 月，网站推出"政府信息公开"专栏，并对"公文公报"栏目进行调整。旧版中央政府门户网站栏目架构如图 4-12 所示。

此次中国政府网改版课题组国家信息中心网络政府研究中心通过在中国政府网采集用户访问行为的海量数据，并运用具有自主知识产权、安全可控的大数据技术对这些数据进行分析。在此基础上，全面了解并把握用户对网站的服务需求。中国政府网改版课题组通过基于网站栏目关系动态调整网站栏目架构，并构建中国政府网新版网站。一是新版网站栏目出现较大调整，从网站整体的功能性和服务型出发，以政府网站旧版内容为依托，形成国务院、新闻、专题、政策、服务、问政、数据、国情等栏目（见表 4-13）。二是各个栏目根据用户需求设置相应的交互方式，以政策栏目为例，提供按照文件种类、部门文件、热点主题查询入口，将各种文件分类呈现给用户，同时提供按照索引号、内容等方式进行智能搜索的功能，从而有效提高网站用户的访问体验。三是按照服务类型设置重点服务区，并提供相应的服务引导。

[①] 王燕娟. 打造"公开透明、亲民务实"的政府网站[J]. 江南论坛，2012(11)：47-48.

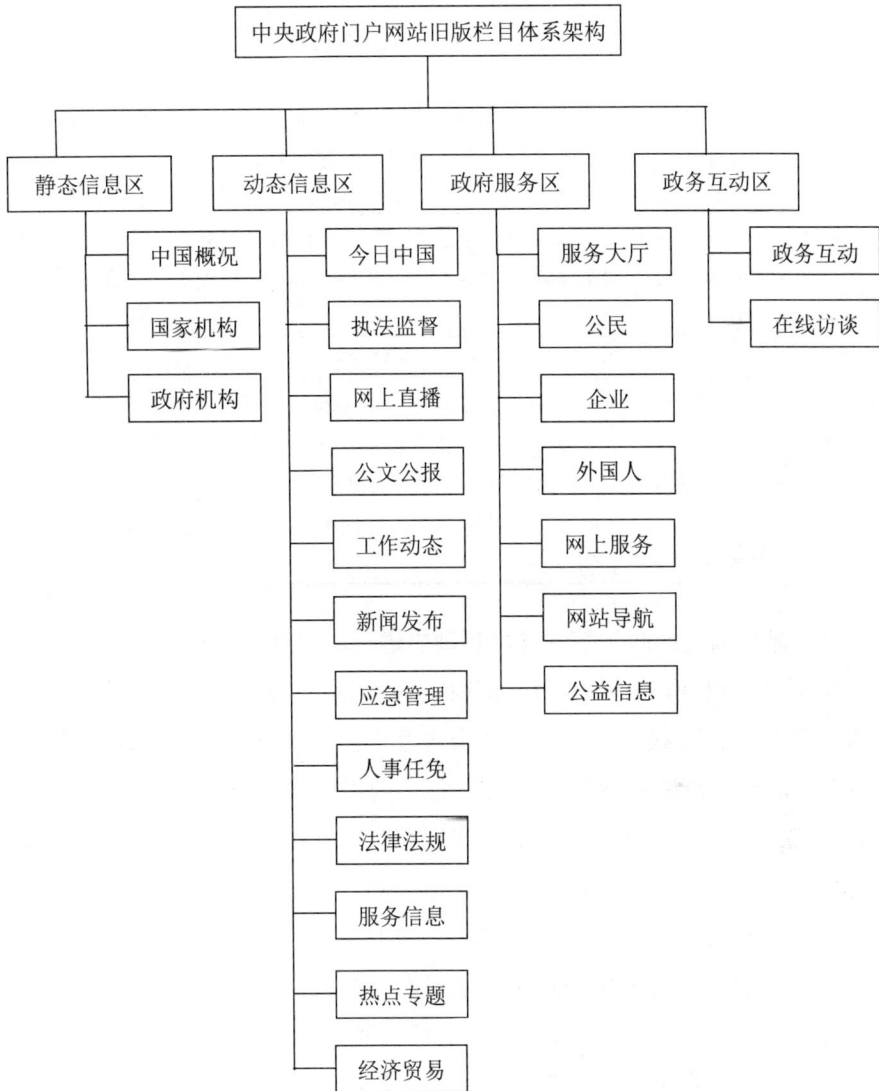

图 4-12　中央政府门户网站旧版栏目架构

表 4-13　中央政府门户网站新版栏目架构

一 级 栏 目	二 级 栏 目
国务院	国务院常务会议、国务院全体会议、国务院领导、国务院组织机构、历届国务院领导机构、历届国务院总理、政策、部委动态
新闻	要闻、热点、部门、地方、执法监管、新闻发布、人事任免、图片、视频

续表

一 级 栏 目	二 级 栏 目
专题	最新、聚焦、应急、发展规划、经贸、财政金融、资源能源环境、农业、工业、交通、市场监管、城乡建设、科技教育、文化体育、人口健康、民政社保、司法监察、公共安全、民族宗教、港澳台侨、对外事务、国防
政策	国务院文件、解读、政府信息公开、法律法规、国务院公报、政府白皮书
服务	服务信息、服务专题、服务查询、公民、企业、外国人、社会组织、部门服务
问政	我向总理说句话、回应关切、在线访谈、意见征集、网友发言
数据	指数趋势、快速查询、数据要闻、商品价格、统计公报
国情	中国概况、国家制度、党和国家机构、人民政协、社会团体、自然地理、历史概况、人口、民族与习俗、宗教概况、外交、司法、经济、人民生活、科学技术、环境保护、教育事业、文化事业、卫生事业、体育运动、直通地方、历史上的今天

新版网站新增的问政、数据等栏目则更进一步拉近了政府和用户的距离。例如，为了更加突出回应社会关切，新版网站服务内容还增设了"问政"栏目，在原有意见征集、在线访谈、网上调查等互动服务的基础上，首次开通了"回应关切""我向总理说句话"等互动服务，为用户表达服务诉求提供了多种渠道。以中国政府网新版网站开通的"我向总理说句话"栏目为例，用户只需填写昵称、姓名、身份证号、联系方式、电子邮件、主题、标题、留言内容等，就可以将自身建议发送至总理。例如，2014 年 4 月 16 日凌晨 2 时 46 分，中国水电驻安哥拉的员工周效国通过中国政府网"我向总理说句话"栏目郑重地提交了自己的留言，中国政府网工作人员随后把留言送到了总理办公室。2014年 5 月 8 日下午，李克强总理如期访问安哥拉，周效国受邀参加了座谈会[①]。

4.4　我国政府网站内容重组的实现保障

为保障政府网站内容重组工作以及网站后期的运行维护工作，提高网站服

---

① 新华网. 80 后小伙异国见总理政府网站牵线搭桥[EB/OL]. [2014-12-14].
　http://news.xinhua net.com/politics/2014-05/09/c_1110618908.htm.

务内容质量，必须针对目前网站运行过程中的主要问题，规划和设计网站的内容保障机制和运行机制。

4.4.1　政府网站运行机制

网站运行机制是网站运行最重要的保障，其设计要点包括以下几点：

第一，结合政府各业务处室的职责划分，规定各级部门在网站工作中的职责分工，明确网站主管部门、日常维护部门、内容保障执行部门等。例如，主管部门负责网站目标制定、建设协调和督促工作；运维部门负责网站运行维护、内容采编和日常管理工作；各个业务处室则负责提供本单位主管业务的相关信息和管理的栏目。

第二，明确信息报送范围。各个单位报送信息的范围应包括：《政府信息公开条例》中要求主动公开的内容；贯彻落实本级政府或部门的重要情况；领导主持参加的会见、会议；上级领导检查工作和现场调查的讲话；本单位活动的预告；涉及本单位产业发展和群众关心的热点、难点等信息。例如，国家税务总局要对中央政府门户网站报送整个税务系统方面的内容，而系统下面的各级税务部门网站则要向国家税务总局报送本部门相关的内容。同样，针对公众和社会关注度较高的一些服务内容，诸如教育部、人力资源社保部、民政部、住房城乡建设部等部委也要向中央政府门户网站报送相关内容。

第三，建立完善服务内容规范，规定网站内容分类、内容保障方式等内容维护的方式，以及设定内容维护工作的奖惩方式。各个政府网站运维部门应建立完善值班读网制度，安排值班人员每日定时多次登录网站读网，检查网站运行和页面显示是否正常、信息是否准确无误，对重要稿件和重要信息要认真审看，及时发现和纠正错情。在内容展现形式方面，应综合运用数字、图表、视图、专题的形式，增强网站内容可视效果。例如，中国政府网在两会期间组织制作图集、视频、策划推动专题，丰富网站内容，特别是在两会期间还推出了50句话读懂政府工作报告的图解。

4.4.2 政府网站内容保障机制

政府网站是个大门，进去之后是个房间，各个房间的信息需要委办局/区县/处室的集体支撑。对各个省级政府而言，需要对中央政府门户网站的服务内容进行保障；对地方而言，则需要地市级和县级政府对省级政府网站服务内容进行保障。因此，有必要构建政府网站内容保障机制，为政府网站服务供给提供信息来源，具体包括两个方面：内容保障方式和内容保障要求。

（1）内容保障方式。政府网站子站和主站的内容保障包括几种方式：信息报送、网上抓取、栏目共建、网站链接（见表4-14）。对于政府部门网站而言，更多涉及本部门职能和业务，因而可以综合运用这些保障方式；对政府门户网站而言，更多体现整合作用，因而鼓励网站链接或信息报送而不鼓励网上抓取。以湖南省政府门户网站为例，根据省政府下发的政府信息公开系列文件要求，省直各部门通过登录省政府门户网站后台、省长信箱、公众问答等互动系统后台及网上政务服务大厅，对相关栏目进行信息更新和信件办理、事项办理，极大地推动了省政府门户网站内容保障工作。

表 4-14　政府网站内容保障方式

保 障 方 式	内　　　涵
信息报送	各部门或处室的信息员通过QQ或指定的电子信箱向政府网站管理者报送信息，供网站管理者选用
网上抓取	通过内容采集系统从各有关网站上自动抓取已公布的信息，经编辑导入政府网站的相应栏目
栏目共建	与各有关部门、单位合作建设热点专题类和内容相对独立的栏目
网站链接	包括主页链接和栏目链接。主页链接是将各单位网站的主页与政府网站链接；栏目链接是将各单位网站的重要栏目与政府网站的相应栏目链接

为了进一步细化网站内容保障方式与方法，有必要制定政府网站内容保障工作分解表（见表4-15），将栏目保障工作落到实处，以保障网站内容的丰富性、及时性。

表 4-15 网站内容保障工作分解

一 级 栏 目	二 级 栏 目	主 要 内 容	保 障 单 位	保障方式及更新频率

注：在《网站内容保障工作分解表》中保障方式明确为"信息报送""栏目共建"的，按照"具体内容"说明予以报送和提供；保障方式明确为"网上抓取""网站链接"的，由政府网站运维部门在相关网站上落实。

（2）内容保障要求。第一，信息人员保障。各个内容保障部门要明确一名网站信息员，负责及时、准确、全面地收集、整理、报送本单位的有关信息。例如，交通运输部下发《关于做好交通部政府网站共建工作的通知》《关于确定交通运输部政府网站共建工作联络员的通知》等文件，逐步建立了网站共建共管的机制，将网站管理和维护工作由单一部门负责变为共建共管，支撑了政府网站各项工作的顺利展开。此外，政府网站服务内容包括文字、图片、视频等多种展现形式，因而需要各类人才队伍来进行保障。例如，北京市政府门户网站有一个专门的图文信息编辑团队，负责对图文信息、专题、解读的发布，增强对用户的吸引。第二，提高内容保障积极性。一方面，为促进政府网站之间沟通交流，有必要建立工作 QQ 群、微信群，并在群里发送信息报送通知。另一方面，政府网站主管部门有必要统计各单位的内容保障情况，以交流纪要的形式发送至各单位或处室负责人，并在年末进行整体总结。第三，确保服务内容质量。政府网站主管部门应规范政府网站内容管理，建立健全信息发布审核制度，严格把控信息导向、来源，特别涉及重大活动、重大决策以及重大突发事件、重大敏感问题的信息发布，要严格按照程序审核报批。

4.5 本 章 小 结

本章为政府网站服务内容重组部分。首先，本章提出政府网站服务内容要素，包括信息公开服务、在线办事服务、互动交流服务三个方面。其次，本章探讨了美国、英国、加拿大三个国家政府门户网站服务内容重组的做法。随后，本章基于国外的经验以及我国实际情况提出了政府网站服务内容重组的路径，即从政府职能角度明确政府网站应提供的公共服务内容，并对已有政府网站服务业务进行梳理，最终针对用户的公共服务需求基础上确定优化政府网站服务内容。最后，本章从政府网站运行机制、政府网站内容保障机制两个方面提出了政府网站内容重组的支撑，即在政府网站服务内容重组之后，要通过这些配套措施保证政府网站服务内容供给的有序性。

第 5 章　政府网站服务主体变革

服务内容为服务主体变革奠定基础，很多服务内容并不是仅靠政府就能够高效的完成。在政府单一服务主体的政府网站服务中，各级政府包揽政府网站服务中的各种公共事务，对市场化、社会化要求不高。但是，重组后的政府网站服务内容不仅包括原本由政府自身就能够提供的内容，还包括超出政府自身能力所能供给的内容。由于每种服务主体的分工不一样，促使所提供的内容不一样，加之有限的政府自身能力和提高公共服务水平之间存在矛盾，因此对政府网站服务主体的改革和创新提出了新的要求。政府网站服务的协同供给可改变政府作为公共服务的单一服务主体的情形，以构建由政府主导下发挥政府、市场、社会多方力量的多中心供给主体。这种供给能让政府主要集中于基本公共服务的供给，并发挥市场、社会等多元主体的优势，从而实现"整体大于部分"的效果。

5.1　政府网站服务主体分析

政府网站服务主体包括单一型和混合型，前者是指政府网站服务由政府独自承担生产者和提供者的角色，整个政府网站服务供应链中不涉及政府之外的任何主体；后者是指形成政府网站服务协同供给的结构安排，涉及政府、市场和社会三大主体。

5.1.1　单一型政府网站服务主体

单一型服务主体指以"公办公营"模式来掌握整个政府网站服务的供应链，如服务收集、融合、发布，全权掌握并控制政府网站系统的建设和运营，涉及的主体包括政府下设的单一部门或者以相关处室负责人构成的跨部门网站管理综合领导机构。例如，贵州省人民政府门户网站的建设和管理工作由省办公厅电子政务处负责，而网站的运行维护则由网站运行协调管理办公室负责。又如，国家税务总局成立了以主管领导为组长，相关司局负责同志为成员的网站工作领导小组，负责研究、部署、协调网站建设和管理的重要事项，下设网站管理办公室。网站管理办公室由办公厅、纳税服务司、征管科技司和电子税务中心有关人员组成，负责落实领导小组的各项工作部署，具体承担网站建设、管理和维护。这种服务主体中，网站管理办公室是在组织内部建立的执行机构，负责政府网站主管部门所制定的政策，承担多样化的政府网站服务。执行机构改革最早可以追溯于西方国家所实行的政治行政二分法。美国第二十八任总统威尔逊最大的贡献在于将政治与行政进行分离，他认为，"政治"是国家意志的表达，而"行政"则是国家意志的执行[①]。这一变革的思路就是在决策机构之下构建大量独立执行机构，调整政治与行政的关系，推动公共服务组织的结构变革，以提升公共服务供给效率和质量。

单一型政府网站服务主体的特点包括：①由于得到政府财政支持，因而能够获得稳定的资金来源；②以公益性质免费向社会提供服务，不具有私营部门的数据或业务支撑；③私营企业可以通过协议来购买政府网站数据，从而开展商业增值性服务。

5.1.2 混合型政府网站服务主体

相对于单一型政府网站服务主体而言，混合型服务主体是指在整个政府网站服务供应链的不同环境中，会存在政府、企业、第三部门[②]之间的不同程度的分工，主要实现方式包括合同外包、特许经营、合作共营。

政府网站服务的合同外包是指政府确定政府网站服务的数量和质量，再通

[①] 曾维和. 当代西方国家公共服务组织结构变革——基于服务需求复杂性的分析框架 [J]. 经济体制改革，2013(6)：146-150.

[②] 从属性上划分，服务供给主体可以划分为政府、企业、第三部门。计划经济时代中，这些主体都是融为一体的，只是在改革开放以后才开始逐渐分开。以事业单位为例，其中许多工作人员都可以享受与公务员相同的待遇，导致它的归属性仍存在争议。因此，笔者采取更宽泛的定义，将参公事业之外的事业单位列入第三部门。

过合同招标的形式向承包商发布，由中标的企业、第三部门着手进行政府网站服务生产，并最终按照合同要求向政府提交相应的政府网站服务。在英国、加拿大、新加坡等电子政务发达国家，以外包形式开展政府网站运营和信息服务十分普遍，很多政府选择外包而不是内部开发的主要原因是他们相信外包可以降低政府的工资性总支出并提高政府责任①。据埃塞俄比亚政府的设想，合同外包公私合作伙伴关系将为该国电子政务战略的实施提供 10%以上的资金支持②。在这种方式下，政府网站的所有权归政府，即政府对政府网站的规划、建设、运营掌握主导权，但可以通过与私人企业或第三部门签订合同，由承包商来对政府网站服务的整个过程（包括政府网站应用系统开发及维护、网络管理、界面管理、数据中心管理等）或某一个环节进行运作。这包括几种形式：第一，政府提出目标和要求，承包商完整负责政府网站的规划、建设、试运行，最终将完成的政府网站交给政府，由政府正式开展运行和维护；第二，政府将政府网站服务过程中某一个环节（政府网站信息采集、发布等其中一个阶段）外包给承包商，其他环节仍由政府自身完成；第三，政府网站由政府来建设，再交给承包商进行日常运营和维护。例如，2004 年 9 月，商务部同北京中百信软件科技有限公司签订了 I-flow 系统购买合同，该公司向商务部网站出售系统并进行升级改造③；2014 年 8 月 27 日，商务部就商务政策与业务信息发布系统开发运行及内容维护项目进行公开招标，该招标资金来源为财政资金，服务器为一年④。又如，2005 年，交通运输部委托交通运输部科学研究院组建政

---

① 转引自：黄萃，夏义堃. 政府网站信息服务外包的利弊分析[J]. 电子政务，2014(9)：58-62．West D.Digital Government: Technology and Public Sector Performance[M]. Princeton, NJ: Princeton University Press, 2005:36.

② 转引自：黄萃，夏义堃. 政府网站信息服务外包的利弊分析[J]. 电子政务，2014(9)：58-62．The Ethiopian Ministry of Communication and Information Technology (MCIT). Executive Summary of the E-Government Strategy (2013)[R/OL]. [2014-11-24]. http://unctad.org/meetings/en /Presentation/CSTD_ 2013_WSIS_Ethiopia_E-Gov_Strategy.pdf.

③ 商务部. I-flow 系统购买合同[EB/OL]. [2014-11-19]. http://manage.mofcom.gov.cn/article /Nocategory/200406/20040600230325.shtml.

④ 财政部. 商务部电子商务和信息化司商务政策与业务信息发布系统开发运行及内容维护中标公告[EB/OL].[2014-11-19].http://nfb.mof.gov.cn/mofhome/mof/xinxi/zhongyangbiaoxun/ zhongbiaogonggao/201409/t20140902_1134766.html.

府网站工作部，配备专职人员进行政府网站建设管理、日常运维以及网站栏目规划和在线访谈、网上直播、留言咨询等特殊栏目的策划工作。

政府网站服务的特许经营是指政府以合同协议的形式来明确政府与特许企业之间的权利和义务，在一定时间和范围内特许对政府网站服务的经营权。被授予经营权的企业则通过向享受服务的用户收取费用来回收投资并赚取利润。这是一种以私补公的模式，既能弥补政府因大规模政府网站基础设施投资而造成财政不足的劣势，又能借助于市场力量达到政府网站服务的有效供给。例如，香港于 2000 年 12 月推出的"公共服务电子化"计划的入门网站（http://www.esd.gov.hk），旨在为市民和商界提供最简便易用和稳妥的网上服务，以配合他们对公共和商业服务的需求[1]。该网站采取特许经营形式，由 ESD Services Limited 公司负责网站前期建设、运营，该公司可以通过在网站提供商业广告服务而获取商业利益。当交易量达到双方协议的水平后，政府则需向特许经营商支付费用。借助于该特许经营模式，"公共服务电子化"为政府、企业、公民创造各方互赢的局面。为此，2001 年，该计划还获得国际性信息科技奖项——斯德哥尔摩科技挑战奖[2]。

政府网站服务公私合营是政府同企业为了提供公共服务而构建长期合作关系。由于政府部门在履行政府职能中产生并收集了大量服务资源，而私营部门拥有服务创新的人才与机制保障，两者进行优势互补。例如，黑龙江政府门户网站原本由省政府办公厅负责日常运维，但为了进一步提升政府网站服务能力，黑龙江省政府决定由省政府办公厅与黑龙江重点新闻网站——东北网共同运营省政府门户网站。具体而言，该门户网站的政务信息板块的运行维护、内容发布更新和技术支持由东北网络台负责；网上办事服务板块及互动交流板块内容维护则由省政府办公厅负责[3]。与服务外包不同的是，政府网站服务公私

---

[1] 政府资讯科技总监办公室. 公共服务電子化—方便快捷[EB/OL].[2014-11-19].
http://www.csb.gov.hk/hkgcsb/doclib/showcasing_itsd_c.pdf.

[2] 曾家丽. 香港电子政府的发展：公私营机构的伙伴合作[EB/OL].[2014-11-19].
http://www.ecdc.net.cn/newindex/chinese/page/sitemap/reports/ciapr/chinese/03/15.htm.

[3] 东北网. 东北网与黑龙江省政府办公厅拓建"中国·黑龙江"网[EB/OL].[2014-11-23].
http://heilongjiang.dbw.cn/system/2010/01/14/052308412.shtml.

合营强调政府部门和私营部门采取联合行动来提供公共服务，而不是基于委托代理关系由私营部门进行服务生产。另一方面，政府网站服务公私合营与政府网站服务特许经营有许多相似之处，而两者主要区别在于获得特许经营权的私营部门所承担风险相对更大，如其主要收入是基于服务用户的付费（见表 5-1）。

表 5-1　不同类型政府网站服务主体的存在形式比较

形　式	优　点	缺　点
公办公营	①政府对政府网站的数据具有最大控制权，能够满足其自身内部管理和对外服务的需要；②政府牵头有利于促进政府网站建设和运营过程中的各部门之间的协调；③政府在履行职能过程中已经收集和处理了大量信息，因而减少沟通和协调成本	①政府网站建设和运营资金都由政府承担，资金压力大；②政府缺乏政府网站运行维护的技术人员；③政府网站服务面向社会免费供给，达到公益性目标，但无法弥补成本，也限制了服务内容的广度和深度
合同外包	①通过市场竞争给承包商市场压力，提升政府网站服务效率和质量；②政府获得私营企业稀缺的信息技术技能，将自身从政府网站服务的生产者和提供者合一的角色中脱离，能更好地关注核心服务业务；③借助于政府资金，有利于培养政府信息服务市场，促进服务产业发展	①政府网站服务的合同外包本质上还是由政府承担资金；②尽管政府网站服务外包能减少生产成本，但也可能增加了合同管理的交易成本，如寻找合适承包商等；③在合同续约时，有可能因为承包商的技术等方面优势而陷入路径依赖，导致政府处于弱势
特许经营	①减少政府成本投入；②利用市场机制配置服务资源；③提高私营部门市场收入	①用户需要对其他方式下可免费获取的服务进行付费；②私营部门承担需求风险；③政府失去对服务供应链的控制
公私合营	①结合公益性服务和市场化运作，实现政府网站服务的共同生产；②政府与私营部门在资金、风险等方面共同分担风险；③政府控制政府网站服务供应链	①私营部门容易借助与政府的合作而对服务市场主体造成不正当竞争；②政府与私营部门是基于不同动机进行合作，因而会产生合作收益分配问题

通过对政府网站服务主体构成以及不同类型供给主体进行分析可以发现，

构建多元的政府网站服务主体是一种可行方式，即政府、市场、社会三方力量构建的政府网站服务供给机制。由于电子政务的最终目的是要更好地为公众服务，这就要求对传统的政府网站服务主体进行改进。但创新的想法、模式往往很难来自政府本身，而政府同其他部门合作，尤其是同非政府部门合作，会更有利于新思路、新想法的产生[①]。

5.2   政府网站服务主体的变革策略

由于政府网站服务具有非竞争性和非排他性，因而在其市场化供给中，用户会倾向"搭便车"而拒绝为之付费，促使政府网站服务供给的市场失灵。市场失灵为政府干预提供了依据，政府可以通过强制性收税来供给服务。但一部分政府与公民之间是一种社会契约关系，因而政府在政府网站服务供给中只能以大多数用户的服务需求为主，从而遗留一些未得到满足的需求。社会组织参与公共服务正是为了满足这些"未得到满足的需求"[②]。因此，政府应打破政府网站服务单一供给的做法，用以政府为主导的政府网站服务协同供给取而代之。这不仅需要政府加强自身组织建设，还需要加强对市场、社会等服务主体的培育。

5.2.1   完善政府自身组织结构

在政府网站服务协同供给中，政府是主导要素，而企业、第三部门等多元主体则是协同要素。政府网站服务协同供给是政府主导下的市场、社会组织互动配置服务的行为。因此，既要发挥政府的宏观调控作用，又要发挥市场配置机制以及社会志愿机制，而且政府起着核心角色。这主要表现为：明确各个服

---

① 王润理. 借鉴国外经验发展我国电子政务[J]. 黄河科技大学学报，2003(2)：28-32.

② 转引自：张文礼. 合作共强：公共服务领域政府与社会组织关系的中国经验[J]. 中国行政管理，2013(6)：7-11. Weisbrod BA. Toward a Theory of the Voluntary Nonprofit Sector in a Three-Sector Economy[M]. New York:Russed Sage Foudation,1974:171-195.

务主体的责任；对政府网站服务绩效进行考核；适应国家信息资源总体规划与发展来对政府网站服务进行统一宏观指导；完善公共政策，引导私营部门、社会组织、公民参与政府网站服务供给。例如，英国强调政府网站服务主体多元化，充分发挥各个主体在政府网站建设中的作用，即多个合作伙伴（咨询公司、ITC 厂商）参与，其中微软公司是网站项目建设的关键战略合作伙伴；运维管理会采取"外包"与"自管"相结合的方式[①]。同时，为了发挥政府的核心服务主体地位，英国设立英国内阁办公室（英国最高级别的政府信息化机构），并委托英国中央新闻署制定政府网站相关标准和指南，主要内容包括：政府网站可用性和政府网站设计、政府网站运营（网站名称和注册、购买和销售广告）、政府网站内容易获取性（搜索引擎优化、数据发布等）、政府网站社会化媒体应用。

为此，政府自身需要在政府网站服务供给中形成一个统一的、有效的组织结构，通过一个强有力的职位来保证政府网站服务供给中"政府主导+市场协同+社会协同"的局面，而政府 CIO（政府首席信息官）正是在政府信息化大潮中应运而生的。政府 CIO 最早产生于美国，是由于针对政府无法有效管理信息资源而在每个机构中所设立的职位。在我国，没有政府 CIO 这一称谓，但与之类似的职位诸如省信息化领导小组组长、省信息化办公室主任、经济与信息化委员会主任、信息中心主任、信息技术处处长等。相对于宣传、新闻、经信委等部门而言，办公厅的协调职能更强，因而各级政府及政府部门的 CIO 应由各级政府办公厅、各个政府职能部门所属办公厅（室）主管。具体而言，在办公厅下设政府 CIO，由其负责统筹政府网站的建设管理、内容保障、升级改造以及负责政府网站日常运转的事务性、程序性、可操作性的具体事务。

5.2.1.1　政府 CIO 职位要求

（1）角色定位要求。

角色定位即政府 CIO 职位及其办事机构在整个公共机构体系中承担什么角

[①] 李智勤. 服务型政府理念下我国网上信访探析[EB/OL].[2015-01-26].
http://wenku.baidu.com/link?url=oOmB_f3UkiwlU8JxmuTgliOxIb8irw2u6UFyM8oI1mi0ccIG
wjBtT66OlpXQ5KvOFtS1OX5Fs4PaqpgBW_-EFVxkGgTRzhH1_om_O_m67t_.

色，需要完成什么使命，这是政府 CIO 及其办事机构存在的价值体现，其职能主要是由组织信息功能的集成程度、部门内部分工决定。结合我国信息化和电子政务发展实际需要，我国政府 CIO 的主要角色定位如下：

第一，政府网站服务的战略制定者和宣传贯彻者。规划是组织高效、和谐运作的基础，战略规划的好坏决定了政府网站服务建设的方向和最终结果。政府 CIO 应当通过政府网站服务战略的制定，成为政府网站发展的引导者。政府 CIO 要把握政府网站服务发展需求，明确政府网站服务的发展目标；制定政府网站服务发展阶段性任务，分层次推进；制定政府网站服务建设实施方案；审核本级政府职能部门以及下级部门的政府网站服务建设方案；提高社会对政府网站服务的认知程度，普及信息知识与技术。

第二，政府网站服务的协调者。政府网站服务建设需要政府、市场、社会等各方之间能进行良好互动，从而促进公共服务资源能够得到有效配置，这要求政府 CIO 必须扮演好协调者的角色。政府 CIO 沟通协调主要包括三方面：一是和业务部门沟通，获取其业务需求，进而采取技术手段实现业务需求；二是和技术人员的沟通，使业务需求转化为技术层面的方案和系统；三是和专业公司的沟通，确保政府网站服务外包业务实现最优效果。

第三，政府网站服务资源管理者。政府 CIO 负责统筹、协调和指导政府网站服务资源管理工作，应具备以下几个方面的能力：①技术管理能力。政府 CIO 应当跟进当前最新技术发展前沿，及时掌握相关技术知识并在政府网站服务供给过程中进行应用，如政府网站信息采集与传播、信息分析与组织、信息安全、信息化平台设计与构建；②业务管理能力。熟悉政府业务流程及优化需求，制定政府业务流程优化体系重构规划并有效推动实施；进行有效的价值链管理，提高政府网站服务满意度；能够制定和实施应急管理方案，尽可能地减少危机带来的损失；③知识管理能力。政府需要知识的循环累积效应来不断优化，政府 CIO 成为知识管理的担当者，营造知识共享的政府文化；建立知识管理的统一入口，对知识进行分类，建立有序结构，加强知识流管理；建立和疏通知识开发、共享和利用的渠道，完善知识管理的相关制度。

（2）权力要求。

权力是主体基于对特定资源的支配而使客体服从并使客体的不服从丧失正

当性的一种作用力，是政府公务人员开展行政活动的前提，规定政府 CIO 权力时要综合考虑多方面因素，如事务与政府级别，哪种事务由哪级政府拥有以及能最大限度发挥效能；原有政府权力设计，该权力历史上由哪级政府掌握。

从权力内容角度看，政府 CIO 决策权、建议权、强制权、惩处权、分配权、监督权等权力的设置基本遵从我国政治权力分配的基本原则：①权力分级，如同中央政府和地方政府分权，政府 CIO 的权力也存在级别差异，中央、省级、市级、县级 CIO 权力呈现金字塔结构形态。②权力分部门，不同部门 CIO 拥有的权力有所不同，如中央和各级地方政府 CIO 偏重于分配权、决策权和监督权，而各职能部门 CIO 的权力则按照职能范围有所不同，如工商行政管理部门、质量监督部门、财政部门更多的是对电子政务系统的应用，一般执行建议权。③权力分阶段，政府 CIO 的权力应该呈现动态性，随信息化和政府网站发展及时根据需要进行调整。

5.2.1.2　政府 CIO 职位培养模式

CIO 作为政府的高级管理官员，其培养模式必然要走专业化教育与在职培训相结合的道路，但是我国政府 CIO 发展还处在初级阶段，对于 CIO 的职责设计、运行机制等都处在摸索阶段，显然不可能形成专业化的教育体系，而只能是通过在职培养的方式，使 CIO 将实际工作与培训相结合，不断提升信息化能力与水平。目前 CIO 在职培训主要有以下几个方式，应该根据不同层次的 CIO 选择不同方式或综合方式，形成 CIO 良性发展模式。

（1）政府组织培训班。如国家行政学院组织的 CIO 培训班、工业和信息化部组织的培训班。

（2）联合培养。与国内外高校进行联合培养，如清华大学信息技术学院开办的信息主管培训班，北京大学 CIO 培训班，中国政府与新加坡、美国等国高校联合培训官员的做法也比较成熟，已经与新加坡南洋理工大学、新加坡国立大学以及美国的哈佛大学等建立了成熟的联合培训模式，此种模式同样可以适用于政府 CIO 的培训。

（3）社会培训机构组织的研讨班、研讨会，如中国电子学会举办的 CIO 研修班。

（4）网络教育方式。通过网络向政府 CIO 传递信息技术和行政流程改革最新成果，使其知识结构不断更新。

5.2.2 注重政府网站服务主体建设

5.2.2.1 树立政府网站服务多元供给理念

随着公共服务日益复杂，相互依赖性增强，使得政府的"不可治理性"越来越明显。所谓政府的"不可治理性"，意味着政府无法成为社会问题和公共事务的唯一治理者，需要其他主体的介入[①]。政府是公共信息资源的主要持有者，在政府网站服务中是核心服务主体，但不意味着是唯一的服务主体。

用户所需要的服务内容既包括一般、普适性的信息，也包含特定的个性化内容。但政府集中供给的政府网站服务更多针对用户的普遍性服务需求，而且政府本身缺乏对政府网站服务进行定制或者深度加工的技术实力，决定了仅靠政府单一力量难以满足用户个性化、综合性服务需求，由此引发对服务的更高要求，显然不是政府单一主体能够满足的。需求与供给是一组相对应的概念，倘若政府无法满足用户这些服务需求，便产生了非政府供给的行为，为政府网站服务外包提供了发展空间。尤其是在大数据环境下，政府必须重视对政府网站服务中数据分析和加工处理的能力，这导致政府应当依赖政府之外的主体来维持政府网站服务的长效运行机制。因此，政府的重心在于政策指导、规划制定等，同时借助于企业力量，承担政府网站服务的具体规划、供给、数据分析和报告等。对于企业而言，它关注的是利润，而并不关心为此付账的是政府还是其他。随着国家不断扩大财政支出来提供公共服务，政府网站服务市场化意味着巨大的商机。通过与政府合作，能够获得巨大的采购额度、较小的违约风险、稳定的资金来源以及可能的长期合作前景等。为此，政府应改变以前将政府网站上的服务都由自己从头做到尾的做法，转向将最核心的政府资源开放出来，而把服务这块由企业按照需求进行定制的开发，这个效果体现的服务水平相对会更高。

[①] 陈华. 吸纳与合作：非政府组织与中国社会管理[M]. 北京：社会科学文献出版社，2011：2.

非营利性信息机构不以赢利为目的，从事各种不具有营利性或营利很低的服务，这些机构数量多，包括公共图书馆、行业协会等。当前，政府面临政府职能转变、机构改革以及公共服务多元化的压力，因此政府有必要选择非营利性信息机构作为政府网站服务供给的"帮手"。随着政府职能的转变，那些由政府退出的市场事务可以由企业接手，而那些由政府退出的社会事务则需由非营利性机构承接。作为专业的信息机构，非营利性组织在政府网站服务中具有独特优势，能针对公众来对政府网站服务提供咨询和指导。例如，尽管《政府信息公开条例》规定，各个行政机关要对政府信息进行分类和编排，但在实际工作中，行政机关会借助于图书馆的力量，参与政府信息公开目录的编制。又如，2009 年，国家图书馆联合公共图书馆开发了中国政府公开信息整合服务平台[1]，该平台将各级地方政府门户网站的所公开的不同来源、格式的信息内容进行整合，并提供政府信息来源及链接，以便用户进行利用。

5.2.2.2　培育政府网站服务市场供给主体

市场机制是迄今为止最有效率和活力的资源配置手段[2]。公共部门远离市场机制，使我们很难评估公共行政运作的效率和价值，如果某个政府机构生产的公共物品不能在开放市场上自由流转，那么便难以确定其价值[3]。作为一种公共物品，政府网站服务市场化有助于提升服务水平。当今，公共服务市场化成为国际的一个趋势，其理论上可以追溯至 20 世纪 80 年代所发起的新公共管理运动，其强调将市场机制引入公共服务供给当中。具体到政府网站领域，服务外包早已不是新鲜事。在我国，如首都之窗网，其网站群诊断监测平台便是由北京网景盛世技术开发中心提供运营维护支持；商务部、农业部、海关总署、吉林省等均将网站诊断监测、访问量统计、互联网舆情报送等服务外包给了专业的软件公司予以操作[4]。从委托代理的角度来看，政府网站服务外包中

① 中国政府公开信息整合服务平台[EB/OL]．[2012-11-17]．http://govinfo.nlc.gov.cn/．

② Sawhney M，Prandelli E.Communities of Creation:Managing Distributed Innovation in Turbulent Markets[J].Califomia Management Review,2000:24-54.

③ [美]戴维·H·罗森布鲁姆，罗伯特·S·克拉夫丘克．公共行政学：管理、政治和法律的途径[M]．北京：中国人民大学出版社，2002：12.

④ 梁爽．绩效排名点燃服务外包新商机[N]．中国财经报，2010-01-20(005).

的政府与企业之间的关系是一种典型的委托者与代理者的关系。政府与企业之间的合作是对于生产成本和交易成本的折中。尽管政府通过与企业的合作即可实现利用外部效率资源得以减少生产成本，但政府对市场合同管理的无效又增加了政府的交易成本。为此，完善市场供给主体的同时，还要加强政府网站服务外包合同管理。

一方面，可以从如下三个方面来完善市场供给主体：首先，构建政府网站服务供给市场。政府有必要解除有助于政府网站服务垄断供给的要求，如明确规定由政府进行政府网站服务生产，或者在资本、规模、运营年限等方面设置外部生产者不可能满足的标准。政府需要在对政府网站服务进行分类和界定的基础上，对妨碍政府网站多元服务主体的不合时宜文件以及妨碍其他服务主体的规定进行清理、废除、修改，从而形成政府网站服务供给市场。其次，完善政府网站服务交易管理。政府应该以公平、公开方式来构建政府网站服务招标制度，尽量吸引和鼓励各类生产单位进入到招标程序。例如，在公开招标的政府网站服务项目中，政府应对投标生产者的资本规模、人力资源、技术等方面进行科学评估，并结合政府网站服务项目的特性来选择中标者。对于竞争性谈判、邀请招标等非公开招标的政府网站服务项目，政府则应该以书面方式或者合理依据来说明选择中标者的原因。最后，规范政府网站服务资金。政府网站多元服务主体中的资金来源既包括政府的财政资金，也包括市场合作伙伴的其他资金来源。为此，政府应当考虑政府网站服务合作者的信用和财务状态，对那些有偿的政府网站服务的收费方式、水平、分享比例等进行控制，而对那些低利润和需要长期投资的服务领域，政府则可以通过减免税收、提供无息或低息政策贷款，而降低政府网站服务合作者的生产成本。

另一方面，应从事前、事中、事后来加强政府网站服务外包合同管理。首先，在政府与企业进行合作前，政府考虑服务因素，并针对不同类型服务来进行合作：如果是可收费的政府网站服务，政府可以采取特许经营的方式同企业进行合作，让其更有效率地构建政府网站；如果是一些公益性的商业服务，政府则可以补助的形式扩大政府网站服务的供给范围和水平。其次，在政府与企业进行合作中，政府需依照与企业所签订的合同来衡量其服务活动总体进展和结果，并进行控制或者协助，才可以保证政府网站服务的重复性和连续性过程，而不是一次性的服务供给。例如，政府可以通过与行业协会（如中国互联网协会、中国信息协会电子政务专业委员会）、用户、媒体和研究机构等进行沟通，从而了解企业在政府网站服务供给中的表现。最后，在政府与企业合作完成后，政府则构建相应政府网站服务评估指标体系，对企业的服务合作供给绩效进行评估，并将评估结果反馈给企业，将其作为政府对企业采取相应措施的依据。

5.2.2.3　加强对第三部门的引导

第三部门与政府的合作是公民或第三部门参与政府网站服务的重要方式，其目的不仅是将"成本效益分析"和民间"创业精神"带入政府网站服务功能中，更重要的是，邀请第三部门基于公民参与精神和公共责任承担的自觉性来与政府共同从事政府网站服务建设和供给工作。由于第三部门扎根于社区，更了解公众服务需求，并可以根据情况随时调整服务，使得第三部门在某些领域比政府进行公共服务供给更有效率。可见，一方面，政府应将第三部门作为委托的目标。对于政府而言，由于私营部门和第三部门更具有弹性，在协助政府进行政府网站服务供给时可减小政府的财政预算压力。从交易成本的角度来看，第三部门具有不分配盈利特点，因而相对于私营部门而言，第三部门出现机会主义行为的概率更小，从而也就减少了政府进行监督和谈判的行政成本。另一方面，第三部门应将政府视为伙伴，与其分享共同的政府网站服务价值目标，由政府提供经费资助，第三部门则提供服务方式。例如，河北政府网在网站绩效测评和软硬件升级改造项目中，充分发挥河北省电子政务研究会和第一届电子政务专家委员会的作用，从制定规划、组织论证到实施测评，广泛借用并依托社会专业团队的技术力量，积极调动网站维护单位的积极性[①]。

第三部门获取公共权力的方式包括两种：一种是自下而上通过人民授权，通过自发而结成社团；另一种是自上而下通过国家权力让渡而形成。第二种方式是我国具有特色的一种方式，而且较第一种方式在公众心里更具有合法性和权威性。为此，对于第三部门的引导可以从两个方面进行。

---

① 董振国. 政府网站专业队伍建设模式及外文版的思考——以河北省政府网站为例[J]. 电子政务，2012(1)：102-105.

一方面，政府应在服务资源上加大对第三部门的开放，通过宽松管理加大政府与第三部门之间的彼此信任，避免用公共组织的原则来对第三部门进行干预，从而构建合作的"整合型关系"。例如，政府可以对第三部门信息服务机构的登记许可制度进行改革，采取备案注册、登记许可多种方式。首先，政府构建一个平台，以供所有第三部门信息服务机构进行备案注册，并赋予它们法律地位；其次，对于那些从事政府网站服务的特定领域的第三部门信息服务机构则搭建一个登记和许可的平台，并由国家所授权的部门依照法律法规进行受理。通过这种方式不仅有助于界定第三部门信息服务机构的法律地位，又为第三部门信息服务机构发展创造良好的制度环境，并促进这些部门组织结构的完善。

另一方面，第三部门要加大自身能力建设，避免过于依赖政府的授权和资金而主要执行政府在政府网站服务上所交代的事项，从而间接成为政府的执行机构。首先，构建公共行政精神，提高公共责任感。弗雷德里克森指出：公共行政是建立在价值与信念基础之上的，用"精神"这个概念描述这些价值和信念最合适不过了[①]。信念先于责任，是责任的支柱。"责任不仅是一个法律性的制度性的规定，而且是与信念联系在一起的，是一种道德的自觉。"[②]作为政府网站服务的主体之一，第三部门信息服务机构及其人员应树立公共利益至上的信念，根据公民的意愿和需求提供公益性的服务，维护社会公平。其次，增强自主性。第三部门信息服务机构除了要弱化对政府的资金资源过度依赖，还要根据自身来定位服务对象和服务标准，防止盲目承担不属于社会职能的政府网站服务。

5.3　政府网站服务主体变革的保障机制

政府网站服务协同供给是一项集体行动，而在政府网站服务协同供给的整

---

① 转引自：李建兵. 转型时期公共行政精神的嬗变与重塑[J]. 长白学刊，2004(4)：26-29. [美]乔治·弗雷德里克森. 公共行政的精神[M]. 张成福，刘霞，张璋，孟庆存，译. 北京：中国人民大学出版社，2013：10.

② 刘宏伟，江静. 儒家思想对现代领导观的启示[J]. 理论探讨，2005(5)：112-114.

合框架下，需要形成一套保障机制来规范和约束各个主体的行为方式，才可以保障这一变革的成功。

5.3.1　激励与约束机制

一方面，要对政府网站服务主体进行激励。奥尔森认为，激励要求对集团的每一个成员区别对待、赏罚分明[①]。政府网站服务协同供给中，政府追求宏观而长远的目标，诸如政府网站服务均等化、广度、深度、质量等方面。公务人员在政府网站服务中的期望值难以量化，因而绩效不易测量，而且政府网站服务的成效与公务人员薪酬并无直接关联。因此，应对公务人员采取社会激励而非经济激励，加强这个群体在政府网站服务中的责任感，促使他们实现自我追求。企业追求的是经济利益，因而政府可以加大对他们的经济激励。政府应在政策上给予参与政府网站服务的企业优惠，减免税收，提高这些企业的积极性。企业则应该对参与政府网站服务的企业员工实施绩效工资，并对有突出贡献者给予职务的升迁。第三部门是乐于奉献、重视自我价值的组织，而且更多是依赖政府而发展，因而在政府网站服务中，要根据它们的偏好和兴趣来推动其参与政府网站服务供给的积极性。

另一方面，要对政府网站服务主体进行约束。在政府网站服务协同供给中，企业和第三部门通过与政府合作而取得公共权力，这是因为这些组织在承担政府网站服务时，也承担了对政府网站服务进行配置的权力。例如，当政府网站服务承包商获得了某一政府部门的的政府合同后，它就实际上取得了该合同条款下政府网站服务的管理权力，这些权力由合同条款加以确定。另外，政府网站服务外包中也存在着模糊不清的公共权力分享。从不完备法律理论来看，既然法律通常是被设计为长期适用大量的对象，并且要涵盖大量迥然不同的案件，那么它必然是不完备的[②]。由于政策法律并不总是完备的，不可能对

[①] [美]曼瑟尔·奥尔森. 集体行动的逻辑[M]. 陈郁，李崇新，译. 上海：上海三联书店，1995：6.

[②] 项卫星，傅立文. 金融监管中的信息与激励——对现代金融监管理论发展的一个综述[J]. 国际金融研究，2005(4)：51-57.

各种细节进行细化，促使政府之外的政府网站服务主体在政府网站服务运行过程中存在一定自由裁量权。对于政府而言，无论是界定清晰的公共权力，还是不明确的公共权力，在同政府之外的政府网站服务主体进行权力分享的过程中，容易导致政府空心化和外部依赖，即政府在政府网站服务供给能力受制于政府网站服务承包商。政府在认识到"没有市场是万万不能的"的同时，也要认识到"市场并不是万能的"。因此，政府在对政府网站服务的直接管理进行"让位"的同时，也应当对政府网站服务外包进行约束，以保障政府网站服务能体现公平、公正。例如，政府有必要与其他服务主体签订服务合作协议，明确各自在服务供应链中的权力和责任，如政府有权对有意向合作的政府网站服务主体进行选择，并采取一定的准入和退出机制，对这些主体的资质进行认定；合作的服务主体则承担起对政府网站服务进行开发的责任，包括保证服务内容、确保服务质量等。正如斯托克所言："服务供给者之间的竞争和准市场机制的引入，鼓励了系统内部的分割和差异。"[①]

5.3.2 利益协调机制

政府网站服务一般涉及多个不同的部门或一个部门的多个行政层级，促使协调环节增多。对多元的政府网站服务主体而言，政府网站服务是一项集体行动的过程，如果不存在良好的协调机制，就有可能导致不同服务主体会基于自身利益而不考虑为集体贡献自己力量，从而出现"公用地悲剧"情形。"公用地悲剧"最早出现在加勒特·哈丁于1968年发表于《科学》杂志上的一文，这个论断是指，在牧场资源自由使用的情况下，每个牧民会追求自身利益最大化，力图通过过度放牧追求更高效益，最终导致整个草地毁坏以及所有牧畜饿死，这就形成了"公用地悲剧"。为此，有必要从顶层构建利益协调工作小组。

在我国的行政体制中领导机构的作用巨大，对政策走向和资源分配有重要

[①] Stoker G.The struggle to reform local government: 1970-95[J]. Public Money & Management，1996,16(1):17-22.

影响①。2008 年，我国实施大部制改革，原有的国务院信息化办公室被并入工业和信息化部，"国信办成立了电子政务司，全国电子政务建设有了一个统一的协调和领导部门，但此时的国信办并不具备指导、决策职能，而更像是一个咨询机构。发现问题后，可以去调研，调研清楚后，把问题呈报给国家信息化领导小组，由领导小组作出决策"②。因此，一旦涉及地方政府和相关部门利益时，作为国务院组成部委、职能部门的工信部则很难进行协调。此外，作为顶层的中编办并不专管政府网站，国务院办公厅则承担着各种日常行政事务，这促使政府网站管理机构缺位。倘若重新恢复国务院信息化办公室，又会涉及人员编制问题，亦会增加行政成本。

在兼顾协调、指导等职能下，有两种方案来构建顶层协调工作小组：一是可以由国务院办公厅政府信息公开办公室负责顶层设计和指导，包括政府网站建设管理的规范，诸如政府网站内容建设、绩效评估等。二是在工信部加挂国务院信息化工作办公室的牌子（如中央成立高层议事协调机构——国家能源委员会，并将该委员会的办事机构设在国家能源局），日常工作可由工信部信息化推进司负责。

5.3.3　政策法律规制

（1）加强对政府网站服务多元合作的行政推动。从 2002 年发布中央办公厅 17 号文件（《国家信息化领导小组关于我国电子政务建设指导意见》）决定在全国推进电子政务以来，其他各个领域都出台过相关的规划。例如，外网有中央办公厅 18 号文件（《国家信息化领导小组关于推进国家电子政务网络建设的

---

① 转引自：罗贤春，黄俊锋. 面向政府信息公开的公共图书馆与档案馆合作机制研究 [J]. 国家图书馆学刊，2013(5)：3-8. 张志坚. 行政管理体制改革新思路[M]. 北京：中国人民大学出版社，2008：51.

② 新浪网. 评说国务院信息化办公室从诞生到被取消的必然 [EB/OL]. [2014-11-15]. http://tech.sina.com.cn/s/2008-08-29/0847787219.shtml.

意见的通知》），其他的各个"金字号工程"都有自己的规划，在这些重点建设内容当中唯独政府网站缺乏一个国家顶层规。为此，中央政府以及各级政府、行业主管可以利用行政命令和指导性意见对政府网站多元服务主体的范围和重点进行规定，从而为政府网站服务主体做好规划。一方面，政府对当前政府网站服务主体的机构、人员、编制等方面进行统一规划，明确政府网站服务的主体责任，提升政府网站服务站位，保证政府网站的权威性、公益性、安全性。另一方面，对于适合外包的政府网站服务，政府应探索政府网站服务的新模式，即改变传统的政府网站建设、管理、运行由政府一手揽的做法，充分利用技术手段研究政府网站建设和运行公司化。例如，针对外包服务，政府应明确服务内容、服务技术，以及注明哪些可以外包服务，哪些不可以外包服务。

（2）加强对政府网站服务多元合作的立法推动。在《国务院办公厅关于进一步加强政府网站管理工作的通知》尚无修改并对政府网站服务作出专门规定之前，出台指导政府网站服务多元合作的规章，有助于避免实践的随意性。事实上，不少地方都根据该地政府网站的实际情况制定了相应的政府网站管理办法，如广东、湖南、安徽、江西、天津、辽宁等政府都发布了相应的政府网站管理办法。2009 年 9 月 23 日发布的《关于鼓励政府和企业发包促进我国服务外包产业发展的指导意见》指出：在发展政务信息化建设、电子政务，以及企业信息化建设、电子商务过程中，鼓励政府和相关部门整合资源，将信息技术的开发、应用和部分流程性业务发包给专业的服务供应商，扩大内需市场，培育国内服务外包业的发展[①]。这些文件推进了政府网站服务管理以及政府网站服务主体多元合作。为此，有必要通过立法机关的推动来对政府网站服务主体进行改革，实现组织结构的调整，进而为常态化的政府网站多元服务主体创造条件。

---

① 黑龙江日报. 哈埠企业欲借"东风"抢抓市场[EB/OL]. [2014-11-17].
　http://www.e-gov.org.cn/Article/news004/2009-12-01/104715.html.

5.4　本 章 小 结

　　本章研究了变革政府网站服务主体的必要性以及如何进行变革的问题。首先，本章从单一服务主体型和混合服务主体型两个方面对政府网站服务主体进行分析。其次，本章提出了政府网站服务主体变革策略，包括完善政府自身组织结构、加强政府网站服务主体建设。最后，本章提出了政府网站服务主体变革的保障机制，以促进这一变革能有效实施，具体包括：激励与约束机制、利益协调机制、政策法律规制。

第 6 章　政府网站服务渠道拓宽

政府网站服务的好坏，不仅涉及服务内容以及服务主体，还要强调如何将这些内容有效传递给用户。服务渠道是服务主体为了让服务对象能便捷地找到所需要的服务，其考虑的因素是服务对象经常使用的渠道，以便让所有人都能享受到政府网站服务。当前，政府网站服务渠道呈现多元化，既有用户直接通过搜索引擎直接进入政府网站相应页面获取服务，也有通过其他政府网站链接、微博、微信、移动终端等外部渠道而进入页面。可见，除了政府网站自身外，搜索引擎、社交媒体、移动互联网应用也是影响用户在互联网中获取政府网站服务的重要工具。因此，有必要通过搜索引擎优化、政府网站协同联动、政府网站与社交媒体的融合、政府网站 PC 端与移动终端的融合来拓宽政府网站服务渠道。

6.1　政府网站服务渠道构成

中国如今已进入全媒体时代，媒体高度发达，全国共有 1 900 家报纸，9 000 家杂志，940 个广播电台，2 000 个电视频道，330 万个网站，2.3 亿个博客，3 亿个微博，6 亿网民"[①]。在这一媒体环境下，政府信息服务呈现媒介平台多元化、形式创新多样化、信息介质多维化等特点，用户对政府网站服务的获取渠道也从传统的 PC 端拓展至整个互联网。正如 Google CEO 埃里克·施密特所言，人们对计算机的使用正在从以 PC 桌面系统为中心转向以网络为中心[②]。依照用户访问政府网站来源和站点访问终端可以将政府网站服务渠道划

[①] 珠江商报. 谣言止于公开 沟通需要常态[EB/OL].[2014-11-10].
　　http://epaper.sc168.com.cn/disnews.asp?Fid=45267&FlayoutId=11319.
[②] 樊兰. 谷歌的云梦想[J]. 互联网周刊，2008(7)：32-39.

分不同类型。

依照用户访问来源，可将政府网站用户划分为三种。①直接来源：用户通过直接输入网址或点击收藏夹中的网站标签到达政府网站。②导航来源：用户通过点击其他网站上的导航链接到达政府网站。例如，一个用户先登录hao360.cn、hao123.com 等导航网站而进入北京首都之窗网站，那么该用户则为导航来源。③搜索引擎来源：通过在搜索引擎中输入关键词，点击搜索结果的链接到达政府网站。随着搜索引擎成为互联网上用户最多、影响面最广、传播信息最快的传播渠道，搜索引擎来源也已经代替直接来源用户和导航来源用户而成为政府网站最重要的用户来源。

基于站点访问的终端类型，可以将政府网站服务渠道划分为 PC 终端和移动终端。互联网经历了从静止向移动的变迁，信息社会也朝着智慧和泛在化的形态演变。随着移动互联网迅速发展，用户的阅读行为和习惯也在与传统决裂，政府网站服务渠道不仅停留在传统的 PC 终端，而是拓展在手机、iPad 等移动终端，已经成为用户获取政府网站服务的重要媒介。例如，2013 年 12 月发布的《中国政府网站发展数据报告（2013）》显示，政府网站用户中，使用移动终端访问的用户占比稳步提高，已由 2012 年的 1.99%上升至 2013 年的5.03%。其中，省级门户网站移动终端用户使用率占比最高，达 8.32%，比去年提高 5 个百分点[①]。

6.2　政府网站服务渠道拓宽的影响因素

随着互联网的由过去供应商产生内容的阶段发展为当前用户生成内容的阶段，政府信息资源的配置变得更加宽泛，尤其政务微博出现以后，政府信息的传播更是由"一对多"转变为"多对多"的格局。百度等搜索网站不断的技术创新改变用户获取政府信息的方式；Facebook、推特、微博、微信等以强大的

---

① CNET 科技资讯网．《中国政府网站发展数据报告》发布：八方面剖析问题[EB/OL]．
[2015-02-19]．http://www.cnetnews.com.cn/2014/0126/3009976.shtml.

资源为支撑，占据了政府信息服务的阵地；移动互联网络使得用户利用随身携带的手持设备即可随时随地享受政府网站提供的各种服务。它们所提供的网络资源和浏览式、跳跃性、碎片化阅读方式对人们的工作和生活产生了革命性的影响①，对政府网站服务产生了冲击，突破了原有政府网站的服务途径。

6.2.1　搜索引擎

近年来，互联网的快速发展使得我国政府网站的发展环境发生了重大变化，这其中以搜索引擎普与应用为主流的影响最大（见表 6-1）。

表 6-1　搜索引擎用户数历年排名情况

年　份	搜索引擎用户数/亿	使用率	应用排名	排名在搜索引擎之前的应用
2006	0.71	51.5%	3	收发邮件、浏览新闻
2007	1.52	72.4%	5	网络音乐、即时通信、网络影视、网络新闻
2008	2.03	68.0%	2	网络媒体
2009	2.80	73.3%	3	网络音乐、网络新闻
2010	3.75	81.9%	1	无
2011	4.07	79.4%	2	即时通讯
2012	4.51	80.0%	2	即时通讯
2013	4.90	79.3%	3	即时通讯、网络新闻
2014	5.22	80.5%	2	即时通讯

（资料来源：CNNIC 历年中国互联网络发展状况统计报告）

根据中国互联网络统计中心（CNNIC）近几年的报告发现，2006 年互联网十大应用当中，使用搜索引擎的网民数为 0.71 亿，使用率是 51.5%，而经过短短几年的发展，使用搜索引擎的网民数达到 5.22 亿，网民使用搜索引擎的比率超过 80%，搜索引擎和即时通讯工具已经成为中国互联网两大应用。在"搜索为王"的时代，搜索引擎已经成为政府网站用户的最主要来源。以成都市政

---
① 王泽庆. 全媒体时代的审美理想变迁[J]. 北方论丛，2011(1)：43-46.

府门户网站为例，在近一年时间（数据统计时间为 2011 年 7 月 18 日至 2012 年 7 月 1 日）中，搜索引擎来源用户占总访问人次的 64.28%（见图 6-1）①。据皮尤调查 2010 年的调查数据显示，在使用美国政府网站的受访者中，44%的用户通过搜索引擎来到网站，搜索引擎已经成为美国网民查找政府信息的常规渠道②。

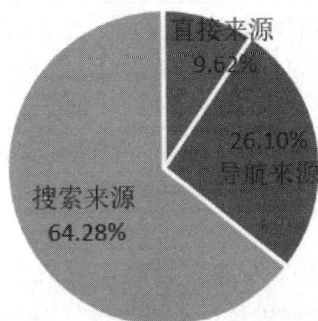

图 6-1　成都网站用户来源比例分布

　　搜索引擎近年来的飞速发展对政府网站信息传播模式带来了深刻的改变。在前搜索时代，网民更多通过页面导航、收藏夹或直接输入网址等方式来到网站的首页，并逐层向下寻找信息；而在"搜索为王"时代，网民在搜索引擎上输入相关关键词时，搜索引擎会将用户导引到搜索引擎所收录的结果页面上去。这样，绝大多数网民会被搜索引擎直接导引到网站中间层或者底层的具体内容页面上去，而不再像以前那样主要通过首页逐层向下寻找信息③。

　　与中国相比，欧美发达国家早在 2004 年前后就开始重视搜索引擎发展对政府网站服务带来的深刻影响并采取相应举措（见表 6-2）。

---

① 于施洋，王建冬，刘合翔. 基于用户体验的政府网站优化：提升搜索引擎可见性[J]. 电子政务，2012(8)：8-18.

② Aaron S. Government Online[R/OL]. [2012-07-10].
http://www.pewinternet.org/Reports/2010/Government-Online.aspx.

③ 于施洋，王建冬，刘合翔. 基于用户体验的政府网站优化：提升搜索引擎可见性[J]. 电子政务，2012(8)：8-18.

表 6-2　欧美国家提升政府网站搜索引擎可见性的举措

国　　家	提升政府网站搜索引擎可见性的举措
美国	2004 年，成立联邦政府网站管理者委员会，下设搜索引擎可见性分会，其目标是提高政府网站信息在搜索引擎上的可见性
英国	2010 年 2 月，英国发布《搜索引擎优化指南》[①]，指导英国政府部门网站管理者、内容编辑提升英国政府网站在各大搜索引擎的可见性
澳大利亚	发布《澳大利亚政府信息政策导引》[②]，促进政府网站上公开的所有信息能够被互联网用户很方便地寻找到，政府网站中"应用搜索引擎可见性优化策略，以确保所有政府公开信息能够被搜索引擎收录"
印度	2009 年，印度国家信息中心发布了《印度政府网站建设指南》[③]，提出了 7 条提高政府网站信息可见性的具体操作建议

目前，政府网站经过多年发展，已经建设成十分丰富的服务内容。但在"搜索为王"这一互联网发展潮流的新背景下，政府网站服务效能依旧不高，关键在于不能有效传递至用户。因此，能否让政府网站服务占据搜索结果前列，对于用户通过搜索引擎及时、准确找到政府网站服务，具有十分重要的意义。

6.2.2　社交媒体

当前，社交媒体的出现改变了政府与用户之间的传播格局。社交媒体存在多种信息展现形式，包括文字、声音、视频、图形等，可以实行跨媒体、跨时

[①] 周晓英，王冰．英国政府在线公共服务的保障措施研究[J]．情报科学，2011(8)：1128-1133．

[②] Office of the Australian Information Commissioner.Issues Paper 1: Towards an Australian Government Information Policy [R/OL].2014-12-26]. http://www.oaic.gov.au/images/documents/information-policy/engaging-with-you/previous-information-policy-consultations/issues-paper-1/issues_paper1_towards_australian_government_information_policy.pdf.

[③] Department of Administrative Reform and Public Grievances. Guidelines for Government Websites: An Integral Part of Central Secretariat Manual of Office Procedure[R/OL]. [2014-12-26]. http://darpg.nic.in/darpgwebsite_cms/Document/file/Guidelines_for_Government websites.pdf.

空传播。以微博为代表的社交媒体具有传播速度快、影响范围广的特点，这为政府网站带来了机遇和挑战。以美国、英国、加拿大三个国家政府门户网站为例，3 个政府网站为提升政府网站服务在整个互联网中的影响力，大量运用了加强政府网站服务渠道延伸的理念与技术（见表6-3）。

表6-3　3 个国家政府网站相关应用

国家＼应用	Facebook	Twitter	E-mail	Blog	RSS	YouTube	Flickr	StumbleUpon	LinkedIn
美国	√	√	√	√	√	√		√	
英国	√	√	√	√					
加拿大	√	√	√			√	√		√

2006 年 10 月，总部位于美国旧金山并以 10 人为基础的 Obvious 公司推出了 Twitter 服务，成为首个"微博客"新型互动平台[①]。在我国，2007 年 5 月正式上线的"饭否微博"是第一个微博，而"新浪微博"则是网站中第一个开通的微博。2015 年 2 月 3 日发布的《第 35 次中国互联网络发展状况统计报告》显示，微博用户数量为 2.49 亿人，网民使用率为 38.4%[②]。在微博客的信息交流模式中，人既是信息源、信息评价者、信息传播者，也是信息使用者[③]。不同于一些手机图书馆微博服务更多地将服务对象局限在本校，甚至一些服务必须与图书馆账户绑定才能实现，政府网站开通的微博则是面向全社会，让更多公众关注该微博并提升其影响力。如果说政府网站移动终端是传统服务的移植扩展，那么微博对于政府网站不仅是延伸服务的工具，更是扩大政府网站影响

[①] Honeycutt C, Herring SC. Beyond Microblogging: Conversation and Collaboration via Twitter[EB/OL].[2014-12-23]. http://www.doc88.com/p-8969039433050.html.

[②] 中国互联网络信息中心．第 35 次中国互联网络发展状况统计报告（2014 年 12 月）[R/OL]．[2014-02-07]．http://www.cnnic.net.cn/hlwfzyj/hlwxzbg/hlwtjbg/201502/P020150203548852631921.pdf.

[③] 转引自：高舒，刘萍．微博在高校图书馆的应用[J]．情报探索，2012(5)：106-108．欧阳剑．新网络环境下用户信息获取方式对图书馆信息组织的影响[J]．中国图书馆学报，2009(6)：99.

力的自媒体工具。作为互联网社交平台，微博具有较强的自媒体属性，在即时性、传播性和互动性方面有较为突出的优点。微博不仅能发布与民生相关的服务信息和通过互动调查等形式听民意、聚民智，还能邀请相关领导参加与网友互动的微访谈、微问答。

微博具有强媒体弱社交的属性，适合做政务信息发布；而微信则具有相反的弱媒体强社交属性，其强项在于更强的点对点传播、精准性和互动性，因此它可以成为连接人与公共服务，替代政府窗口单位进行政务服务的平台[①]。例如，武汉交警微信平台于 2013 年 8 月 8 日上线，用户添加该微信账号后，能享受车辆违法信息推送等服务，实现违法查询、缴款、快速理赔、路况查询等功能；"上海发布"微信推出了"上海便民信息数据库 1.0 版"查询服务，可以实现通过输入关键词来进行互动查询，即用户只要回复"主菜单"，就可获得指引信息，回复相应代码即可了解"轨道交通图""在建轨交线路走向""区县小学、幼儿园对口地段""产假政策"等服务信息。

2014 年 9 月 10 日，国家互联网信息办公室下发通知，要求全国各地网信部门推动党政机关、企事业单位和人民团体积极运用即时通信工具开展政务信息服务工作，并强调各地要切实加强政务公众账号信息内容建设，不断拓展和升级政务公众账号服务功能[②]。可见，微博、微信等社交媒体有助于拓宽政府网站服务渠道，各级政府应明确微博、微信的官方地位，将微博、微信作为政府官方发布的载体。

6.2.3　移动互联网应用

2014 年 8 月发布的《中国移动互联网发展报告（2014）》蓝皮书显示，我国移动互联网用户总数已升至 8.38 亿，在移动电话用户中的渗透率达 67.8%；手机网民规模达 5 亿人，占总网民数 8 成多，手机上网使用率达 83.4%，首次

[①] 腾讯网. 腾讯司晓：连接智慧民生 打造学术开放平台[EB/OL]. [2014-12-30]. http://tech.qq.com/a/20141123/007116.htm.

[②] 工业和信息化部赛迪研究院信息化走势判断课题组. 三季度形势分析与四季度走势判断[N]. 中国信息化周报，2014-12-01(024).

超过电脑，成为第一大上网终端，这些数据表明我国移动互联网进入全民时代①。这意味着，移动网络空间已经逐渐成为与现实空间并存的领域，并在未来将会超过现实空间。从某种意义上讲，前面所述的微博、微信等社交媒体与移动互联网应用存在交叉，但这里更加强调的是移动终端领域的政府网站服务渠道，也就是针对 PC 端而言的移动终端下的政府网站服务渠道。

当前，诸如掌上电脑、移动手机、iPad 等移动技术设备已经被用户普遍运用，这不仅会改变用户获取政府网站服务的行为，也会改变用户对政府网站的认识以及用户利用政府网站服务资源的方式与习惯。用户不再受时间、地点、空间的限制而仅仅依赖政府网站，而是可以利用笔记本、手机、移动电视等移动终端来获取政府信息。移动互联网的进步为政府网站发展变革带来新的活力，促使传统的政府网站服务到移动化政府网站服务，再到泛在化政府网站服务模式的发展。这意味着，政府不能仅停留在做好网站、做好展示的阶段，将政府网站办成黑板报或公告板。相反，政府应抓住服务变革所带来的发展机遇，充分利用多种方式将政府网站服务渗入到用户手中，真正落实"用户在哪里，服务就在哪里"的泛在化政府网站理念，为政府网站开拓新的服务渠道，这是政府网站在移动环境下所面临的重要发展机会。

换言之，随着移动终端数量的快速增加，政府网站不能仅仅提供基于 PC 端的访问，而是及时针对移动终端推出政府网站的延伸服务，提高服务的便捷性。所谓政府网站的延伸服务就是指政府网站在传统服务，如信息公开服务、在线办事服务等服务的基础上，利用自身资源和信息技术来实现服务对象扩大、服务内容创新，促使政府网站服务的广度、深度进一步扩大。政府网站服务延伸的基础是资源，即政府一定是服务延伸的资源组织、数据库存储的主体。以政府网站开通移动终端服务为例，政府是直接利用现有的场所（政府部门所在地）以及设施（计算机）来在其他渠道（移动终端）提供服务，亦实现了政府的公共服务职能。随着移动终端的不断更新，极大改变了公众对政府信

---

① 转引自：王世伟. 全球大都市图书馆服务的新环境、新理念、新模式形态论略[J]. 图书馆论坛，2014(12)：1-13. 李鹤，杨玲. 全民移动互联时代来临[N]. 人民日报，2014-06-12(14).

息获取的方式，使得政府网站延伸服务具有扩展空间，而"延伸服务"这一范围也是动态的，即其形式和类别是不断发生变化的。传统政府网站如果囿于网站自身来提供服务，显然已经无法满足用户的需求偏好，如果政府网站不能从当前优势（例如，移动设备的普及使得用户可以随时随地在线接受和获取政府信息，同时电信网、广电网、互联网的三网融合给用户提供了政府信息获取的畅通渠道）出发，来延伸服务内容、形式，就无法有效完成政府信息传播，履行公共服务职能。

6.3 政府网站服务渠道拓宽的举措

在全媒体背景下，政府应综合运用政府网站技术改造、搜索引擎营销、社交新媒体营销等多种互联网精准信息服务推送技术，开展政府网上信息服务推送工作，逐步形成覆盖政府网站、搜索引擎、微博、SNS、博客、播客、BBS、RSS、维基 WIKI、移动终端、APP 等多渠道、跨平台的一体化精准推送体系。从未来发展趋势来看，政府网站服务渠道还不局限于这些，因为技术进步是无止境的。例如，过去没有网站和微博、微信时，政府依赖公报提供信息。因此，无论以后信息技术呈现何种态势，政府网站服务要主动介入相应的渠道，即政府网站自身发展要从过去将公共服务放在政府网站来等待用户的一种"等着用户来"的状态，转变为用户在哪里就把政府网站服务主动输送至用户的一种主动出击的状态。如此，政府网站服务才能更好地占据搜索引擎、社交媒体、移动终端上的有利位置。

6.3.1 搜索引擎优化

搜索引擎优化（Search Engine Optimization，简称 SEO）是指通过采用易于搜索引擎索引的合理手段，使网站各项基本要素符合搜索引擎的检索原则且对用户更友好，从而更容易被搜索引擎收录并优秀排序，分为站外搜索引擎优化和站内搜索引擎优化两类[①]。

6.3.1.1　站外搜索引擎优化

站外搜索引擎优化，是指脱离站点的搜索引擎优化。由于政府网站外部链接对于提升网站搜索引擎等级非常重要，提升政府网站的外部链接数量对于优化网站的搜索结果具有积极意义。政府网站外部链接数量和质量是决定网站信息在搜索引擎中权重高低的重要因素。为此，有必要通过多种渠道推动政府网站服务被外部网站链接的数量和质量，以提升政府网站在百度、Google 等主流搜索引擎上的权重（PR 值），进一步提高政府网站在各大信息传播渠道中的影响力。

（1）制定政府网站互链规范，对政府网站互链的锚文本、工作进度、链接层级、重点互链内容、互链方向等进行规定，有序推进政府网站群互链机制进一步完善，确保网站不会因为不合理外部链接优化导致被搜索引擎误认为作弊或优化过度。

（2）通过精准投送等方式，确保政府网站被 hao123、hao360 等主流知名导航类网站收录，进一步拓展网站外部访问来源渠道。

（3）政府通过链接交换、行业分类目录、社会化书签、博客链接、直接购买链接等方式进行站外搜索引擎优化。例如，从内部而言，政府应加强原创内容的创造，以提升用户阅览的可能性；从外部而言，政府可与行业性网站进行链接并进行互相推荐，将网站提交至一些专业目录网站当中。

6.3.1.2　站内搜索引擎优化

站内搜索引擎优化，是指通过优化政府网站自身结构、内容等方法，使其更加符合 Google、百度等搜索引擎的抓取规律，以提升网站在搜索引擎中的排名。

（1）使用规范的 Html 标签。

Html 标签是 Html（超文本标记语言）中的基本单位，用来标记网页中各个

[①] 黎邦群. 基于搜索引擎与用户体验优化的 OPAC 研究[J]. 中国图书馆学报，2013(4)：120-129.

部分。使用规范的标签，有助于更好地显示网页中的内容。政府网站 Html 标签的优化包括 Title、Description、Keywords 等方面的规范化（见表 6-4）。

表 6-4 　 HTML 常用标签及其属性

标 签 名 称	描 　 述	SEO 用法或意义
Title	定义网站的标题	↘ 标题要主题明确、精炼，包含网页中最重要的内容 ↘ 用户浏览通常是从左到右的，重要的内容应该放到 Title 的靠前的位置
Description	描述或形容网站	↘ 为每个网页创建不同的 Description，避免所有网页都使用同样的描述 ↘ 长度合理，不过长也不过短
Keywords	帮助用户从搜索结果中判断网页内容	↘ 准确地描述网页，不要堆砌关键词 ↘ 紧扣页面主题
Alt	与 Img 配合使用	↘ 使用文字而不是 Flash、图片、JavaScript 等来显示重要的内容或链接 ↘ 为每个图片添加 Alt 属性，以促进搜索引擎以了解图片的信息 ↘ 在图片上方或下方加上包含关键词的描述文本 ↘ 使用链接链接到这个图片
H	定义标题头的标题，让搜索引擎了解内容结构	↘ 网页 html 中对文本标题所进行的着重强调的一种标签，以标签<H1>、<H2>、<H3>到<H6> ↘ 用在页面的文章标题，或者频道名称上

（2）使用简短的域名。

域名是用户对政府网站的第一印象。用户迅速记住域名对优化政府网站可见性尤其重要。域名越简短，就越利于用户记忆，不仅有助于吸引更多回访用户来访问，而且有利于搜索引擎对政府网站的收录。然而，由于缺乏优化意识，域名作为政府网站在互联网上的标识，却没有发挥应有作用。总体而言，政府网站首页网址和域名是一致的，但一些政府网站会存在输入域名时，网址出现自动跳转的情况。例如，长春市政府门户网站的网站域名是 www.ccszf.gov.cn，但在浏览器上输入这个域名时，网址却自动跳转到

www.ccszf.gov.cn/ccszf/1/tindex.shtml，不利于搜索引擎对于网站信息的抓取。此外，还存在政府网站名称字符数过多的情况。例如，湖北省恩施人民政府门户网站名称为"首页-中国•恩施-恩施州人民政府门户网站 [www.enshi.gov.cn]"，共计 59 个字符；山西临汾市政府门户网站名称为"临汾市政府门户网-发布临汾政务信息、临汾政府文件、临汾时政要闻等"，共计 65 个字符；湖南省的湘西州政府门户网站名称为"湘西自治州人民政府|欢迎访问湘西土家族苗族自治州人民政府网-魅力湘西欢迎您！"，共计 74 个字符。由于百度等主流搜索引擎在标题中最多只能显示 66 个字符（百度显示 60 个字符即 30 个文字以内，谷歌显示 66 个字符，即 33 个文字以内[①]），因此网站标题最好小于 66 个字符。例如，当在百度上搜索"湘西"时，排在首页第一位的是湘西人民政府官方网站，由于网站名称超过了 66 个字符，因此只能显示前一部分文字（见图 6-2）。因此，采取简短域名网址，提高规范性，才有利于网络蜘蛛对网页的抓取和收录。

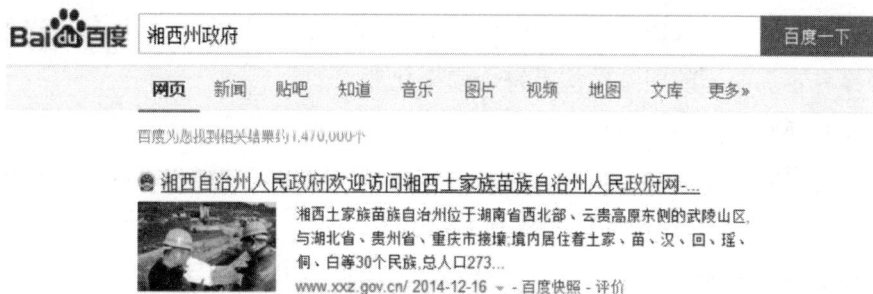

图 6-2　百度搜索"湘西"截图

（3）网站 URL 优化。

如同网络上的门牌一样，URL（统一资源定位地址）是因特网上标准的资源的地址。政府网站内容是以超文本方式来相互链接，创建具有良好描述性、规范、简单的URL，有利于搜索引擎更有效地抓取政府网站。政府网站中任何一个网页，其应该只对应一个 URL，如果网站上多种 URL 都能访问同样的服

[①] 豆丁网. 关于网站搜索引擎优化代码与关键字字数的几个话题[EB/OL].[2015-01-14]. http://www.docin.com/p-225550205.html.

务内容，那么会导致搜索引擎选取一种 URL 为标准（该标准可能会和正版不同），或者用户可能为同一网页的不同 URL 进行推荐，从而分散了该网页的权重[1]。为了让用户能从 URL 判断出网页内容以及网站结构信息，并可以预测将要看到的内容，应确保政府网站结构扁平化[2]，即通过几个层级即能够访问到最终页面。

页面 URL 地址中以"/"形式划分不同层级，每多一个"/"代表层级加深一层。以海南政府门户网站为例："今日海南"栏目下的页面为 http://www.hainan. gov.cn/hn/yw/jrhn/201307/t20130723_1027745.html，其 URL 层级为六级；信息公开-政府采购栏目下的页面为 http://mof.hainan.gov.cn/czt/zwxx/zfcg/cjgg/201307/t20130723_1027991.html，其 URL 层级为七级。搜索引擎对页面进行抓取时，是一层一层向下深入的，层级越深，页面权重越低，越不利于搜索引擎对页面的抓取，而且过深的层级结构也影响搜索引擎排名，造成即使是搜索引擎最新抓取的页面，也不利于用户通过搜索引擎找到需要的服务。一般而言，页面 URL 为四个层级内（即用户通过少于 4 次的点击数到达最终内容页面）的网站结构是符合扁平化要求的。

（4）网页源代码优化。

网页本质就是 Html 语句，简单而明确的网页源代码能提升网页的可维护性。从可见性优化角度而言，搜索引擎对一个网站的抓取时间和空间是有限的，如果网站页面上存在过多冗余，会影响到搜索引擎的页面分析效率。搜索引擎只能读懂文本内容，而 Flash、图片等非文本内容暂时不能处理[3]，也无法抓取 JavaScript 中的内容（链接和文字等）。因此，主栏目必须在网站首页第

① Cherishdyl. 百度第二章. 优化指南——面向搜索引擎的网站建设[EB/OL]。[2015-03-15]. http://blog.sina.com.cn/s/blog_8ed8e47e0100u8eu.html.
② 卢彬彬. 20120720 网络营销讲座 PPT [EB/OL].[2015-03-15]. http://wenku.baidu.com/link?url= tOcqG9shR3tdPTwil6SpAQ3sLJIUJ-re8sEZbg044Not6eSPXSrG22m5EMGMWeeXnoYdn9QRCGNVgaRRxRPhXk1ItOt0PO0tqMWmDPMN87G.
③ 智凡网络. 企业网络营销实操教程[EB/OL].[2015-03-15].http://wenku.baidu. com/link?url=b1PwOhUSBhwyJee43jUOyOG45-woddl-nO6bt7LHLmlUbJu8ZQ3fGXpxARNxF5-PpejQKkxTvuW0_dapGBSHD1vdG5DbYdGvsolgpdK4u2y.

一屏的醒目位置体现，并最好采用文本链接而不是图片，而且不要用 JavaScript 代码[①]（见图 6-3）。

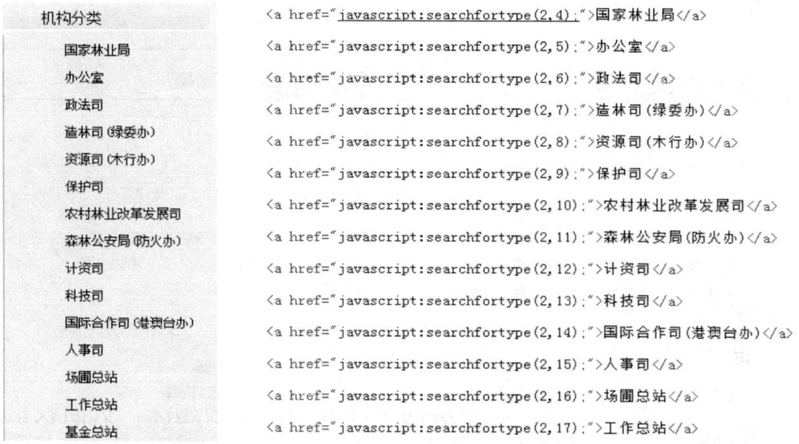

图 6-3　某网站采用 JS 代码

为此，在对政府网站网页源代码进行优化时，一方面应对大段 JS 代码采用外部调用的方式或让大段 JS 代码在页面底部出现，不影响搜索引擎页面分析效率（例如，<script type="text/javascript" src="js/xxx.js"></script>）；另一方面页面头部样式代码也应精简，尽量不要在页面头部大段出现。

（5）完善网站地图。

网站地图是使用一个 Html 页面，将网站重要频道、分类栏目、服务内容等分类列举，点击标题名称即可进入相应的页面（见图 6-4）。网站应该有清晰的结构和明晰的导航，有助于用户快速从政府网站中找到所需内容，也可以帮助搜索引擎快速理解网站中每一个网页所处的结构层次[②]。网站地图协议不仅能向搜索引擎告知本网站中可供抓取的网址，还有助于网站管理员提供有关每个网址的其他信息（上次更新的时间、更改的频率、与网站中其他网址相比它的重要性等），帮助搜索引擎了解网站结构，以便搜索引擎可以更智能地抓取

[①] 苏磊．面向搜索引擎优化的网站建设方法研究[D]．天津：天津大学，2006．

[②] 卢彬彬．20120720 网络营销讲座 PPT [EB/OL].[2015-03-15].
http://wenku.baidu.com/link?url= tOcqG9shR3tdPTwil6SpAQ3sLJIUJ-re8sEZbg044Not6eSPX
SrG22m5EMGMWeeXnoYdn9QRCGNVgaRRxRPhXk1ItOt0PO0tqMWmDPMN87G.

该网站①。在构建网站地图并提交给搜索引擎之后，也便于调整政府网站链接。例如，在对政府网站的外部链接和内链错误进行完善和调整时，都需要使用网站地图的提交功能。

图 6-4 首都之窗网站地图

6.3.2 政府网站服务渠道组合

针对当前服务传播格局的变化，有必要不断拓展传播平台，组合各个渠道，形成多渠道的政府网站服务方式。总体而言，在加强政府网站自身之间的协同联动的同时，要跨越互联网和移动互联网的界限，并融合社交媒体，创新政府网站服务渠道（见图 6-5）。政府网站是根，社交媒体、移动互联网应用的

---

① Cds27 博客. XML 是什么，它可以做什么？——写给 XML 入门者[EB/OL].[2015-03-15]. http://blog.csdn.net/cds27/article/details/743409.

信息来源于网站，是依附于政府网站的补充功能，尤其是它们的及时性和碎片化的特点能对政府网站做重要补充。

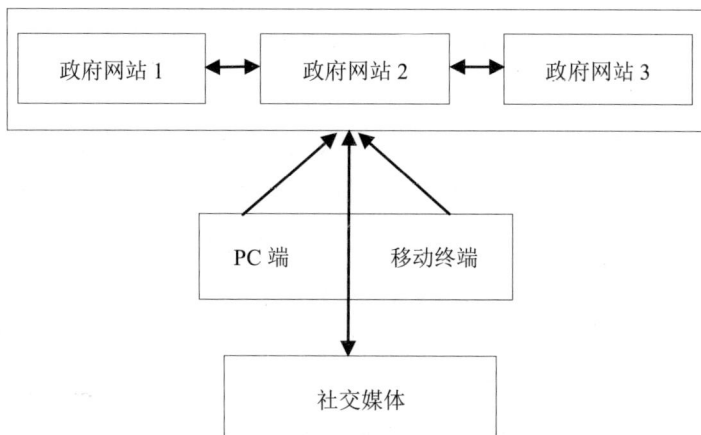

图 6-5 政府网站服务渠道组合

从内部上而言，政府网站之间有必要加强协同联动，提升政府网站服务传递能力。以教育部为例，教育部新闻办、新闻中心牵头，建立了以部网站为核心，部直属单位 20 家网站参与的联席会议制度，进一步提升教育部各个新媒体平台的影响力；同时，教育部网站还密切与中央主要新闻网站和各大主要商业网站的联系与合作，建立沟通机制。从外部上而言，要发挥政府门户网站的"主体"和"基石"作用，增强政府网站的吸引力和"黏性"，发挥微博、微信等政务账号作为网站"侧翼"的补充功能。

6.3.2.1 政府网站协同联动

不同的政府网站相互之间不能在公共服务上形成恶劣竞争关系，意味着不是所有政府网站的服务都应当通过优化排到搜索结果的第一名。因此，政府网站之间不能各自为战，造成不必要的混乱。相反，应该明确政府网站服务的信息要素，包括地域归属、部门归属、时间等信息，再依据本地政府网站信息优先、上级部门网站信息优先、先发信息优先等原则，在彼此之间形成有序的联动机制。

从整体来看，各个省政府门户网站以及中央部委网站是中央政府门户网站的子站，各个省政府所属的部门和各市县政府网站是省级政府门户网站的子网站，由此形成了一个多层次的子网站模式。政府网站服务内容涉及省、市、县各级政府的协调和配合，因而有必要构建各级政府建设和运行的联动机制，打造政府网站群。例如，由 1998 年 7 月 1 日正式开通的首都之窗网站已经成为北京市国家机关在互联网上建立的网站群，其范围是 1+89 模式，即：1 个首都之窗网站，45 个委办局、16 个区县一级市人大、政协等 28 个部门和单位，其中首都之窗网站以"一门五户"的形式，通过中文主站、ebeijing 网、北京服务您、市民主页和北京网多种渠道，向企业和个人提供公共服务，构建了政府信息公开、在线办事、公民参与的政府网站服务。

以信息公开服务为例，政府网站协同联动应当包括几方面的联动：一是上下联动，指上下级政府之间就相关服务进行联合发布。对于关系到经济社会发展领域的重大问题（比如简政放权、转方式、调结构），中央政府门户网站发布以后，有关部门和地方政府网站要及时发布；对涉及多部门的工作，各个有关单位都要积极参与（例如，关于上海自贸区有关政策，中央政府门户网站发布以后，除了上海市政府门户网站发布，其他诸如商务部网站也要及时发布）。又如，李克强总理在非洲出访，其中有关铁路、公路等活动信息不仅要在中央政府门户网站、外交部网站发布，而且在商务、交通建设等相关部门的网站也要及时发布。二是内部联动发布。以环保部为例，该网站主要内容来各个部门，它们为内容增加社会属性标签，自动推送到网站，并由相关领导审核，通过这个内容发布联动机制提升了内容发布效率。

6.3.2.2 政府网站与社交媒体的融合

媒体融合是传媒领域重大而深刻的变革，也是不可回避的发展趋势。政府网站除了不断跟进新技术、新平台应用发展外，还要主动加强与政务微博、微信等社交媒体的合作，形成媒体矩阵，放大聚合效应，实现传播效果最大化。以 Facebook、Twitter、微博等代表的社交媒体具有开放、参与、共享等理念，强调用户之间形成联系，并通过这种关系而将人们串联成一种社会结构。政府网站服务与社会网络理念的融合有利于将政府网站服务扩展至社会网络空间。以教育部为例，2013 年元旦开通了教育部新闻办官方微博"微言教育"，12

月 1 日开通了教育部新闻办官方微信"微言教育"，12 月 31 日又推出了门户网站手机版和移动客户端。短短一年时间，实现了政府网站、网站手机版、移动客户端、微博、微信等媒体全覆盖。随着移动应用和社交媒体的出现，政府开始以整合、协调的方式通过多种服务渠道来提供公共服务。

（1）政府网站与社交媒体之间融合的内容。

一是提高政府网站与微博、微信等信息发布渠道的整合力度。政府网站开通政务微博、微信等社交媒体官方账号，并通过在政府网站上增加这些媒体的入口，能有效提高政务微博、微信等的点击率，提高政务微博和微信上相关信息发布比例，而在微博内容中提供超链接地址，又能反过来提高政府网站内容在微博用户中的影响力。以美国政府门户网站为例（见图 6-6），USA.gov 在多家社交媒体平台上开通了账号，提供了诸如 Facebook、Twitter、Youtube、Blog 等分享到社会化媒体等技术功能，最大限度地通过互联网与多种渠道扩大政府网站的影响力与利用率，将政府网站与其他媒体进行了整合。

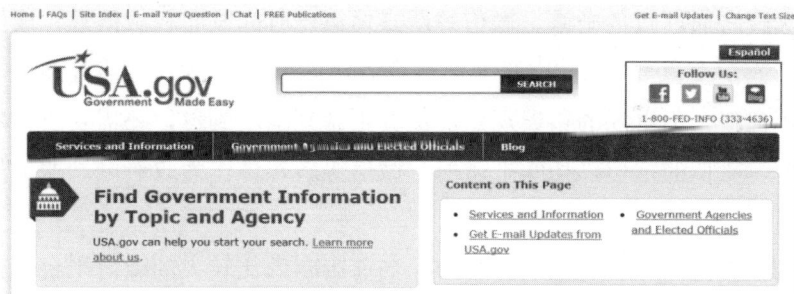

图 6-6　美国政府门户网站首页提供社交媒体入口

二是提升政府网站在百度百科、百度知道等社会化传播渠道中的信息影响力。通过注册政府网站官方账号，以官方权威身份回答百度知道等社会化渠道中用户提出的与政府网站服务相关的问题，提高政府网站信息在提升政府网站在百度百科、百度知道、维基百科等社会化传播渠道中的正面影响力。

三是在网站部署社会化媒体分享标签，方便用户直接将网站内的信息分享到其他渠道中。如图 6-7 所示，澳大利亚政府门户网站中加入了分享按钮，方便用户直接分享网站内的信息。

图 6-7 澳大利亚政府门户网站"share"分享按钮

（2）政府网站与社交媒体之间融合的策略。

各级政府通过政务微博、微信等新媒体第一时间发布权威信息，成为新闻信源和事态演变重要变量①，正逐渐改变各级政府对微博、微信等网络平台不了解、不信任、不重视的错误观点。但真正做到运用到位，还需要进一步明确政务微博、微信的定位，切实把微博、微信等新媒体作为政府网站服务的延伸渠道来对待。

①加强微博研究，理性选择平台。当前影响力比较大的微博平台包括新浪微博、人民微博、腾讯微博、新华微博、网易微博等，这些不同的平台给用户提供了多元化的选择②，但也产生了一些副作用。一些政府网站在应用微博时，注册了不同平台的账户，但在不同平台上发布信息，会产生人力和物力问题，因而仍集中在某一个平台。这样产生的问题就是，到底是集中在一个主流微博平台做好微博服务，还是采取多个平台进行服务。笔者认为，政府的重心在于将微博服务作为政府网站建设的重要内容，不需要考虑哪种微博，而是有效研究并利用该平台做好适合政府网站的微博服务。例如，微博工具提供文

---

① 杨佳. 新浪"媒体及政务机构"微博的发展特征[J]. 新闻传播，2014(6)：280-281.
② 赵志刚. 微博在手机图书馆中的应用策略研究[J]. 情报理论与实践，2013(8)：72-76.

档、音频、视频以及音乐的共享，用户可以根据自己的喜好设置微博应用功能，兼容其他网络社交工具并及时快捷地获取信息①。针对一些信息过长、图片较多的信息，则不适宜在微博上发布。

②强化微信互动功能。目前，一些政府所开通的政务微信大多采用"微博精选"的方式，即将同名微博中若干精彩内容重新组合，作为微信内容推出。这样操作相对容易，但只是实现了传播平台的转移，没有实现传播功能的拓展，难以实现微信产品的特色。"上海发布"微信则突破了"微博精选"的模式，设计了"自定义菜单"，强化了微信的互动功能。进入"上海发布"微信，用户不仅可在主页面上看到当日最重要的信息，还可以在页面底端访问"微互动""今日推荐""专题信息"3 个一级菜单，分别进入"你问我答""天气预报""重要提示""一周文艺"等多个二级菜单页面，拓宽了单一主页面的信息容量，给微信用户提供了"逐步带入"的互动体验。

③强化政府网站主体地位。政府网站是政府的总平台，也是提供信息检索与数据查询等综合服务的"根服务器"和电子政务服务窗口。在这个平台上，政府网站要需要吸纳社交媒体，从而形成政务新媒体。例如，中国上海门户网站充分利用新媒体拓展为民服务渠道。"消息速递"栏目将本市所有政务微博消息和门门网站信息关联呈坝，为公众提供信息集聚、迅捷发布、便捷互动的"一站式"政务信息服务窗口（见图 6-8）。

6.3.2.3　政府网站 PC 端与移动终端的融合

随着新一代移动通信技术的迅速兴起和智能终端的普及应用，移动互联网应用将会成为未来发展的重要趋势。互联网用户的移动化特征越来越明显，这种情况在政府网站用户群体中已经有所体现，并且移动终端用户对政府网站服务的需求更明显。可见，未来政府网站中移动终端用户占比的提升空间巨大。移动政府网站是专门面向移动互联网用户建立的站点，将针对移动用户访问时间碎片化、地理位置属性强、一人一机、硬件局限性（屏幕尺寸、续航能力）

---

① 转引自：赵志刚．微博在手机图书馆中的应用策略研究[J]．情报理论与实践，2013(8)：72-76．Hrickoa M.Using microblogging tools for library services[J].Journal of Library Administration,2010(5/6):684-692.

等特点[①]，提供精准、智能的政务服务。例如，上海市政府微门户建设协同整合各级政府网站公众关注度高、受众面广的服务和互动资源，打造手机和便携终端可直接访问的移动政府服务平台。为了促进政府网站在移动互联网中进一步延伸服务渠道，有必要从如下方面进行完善：

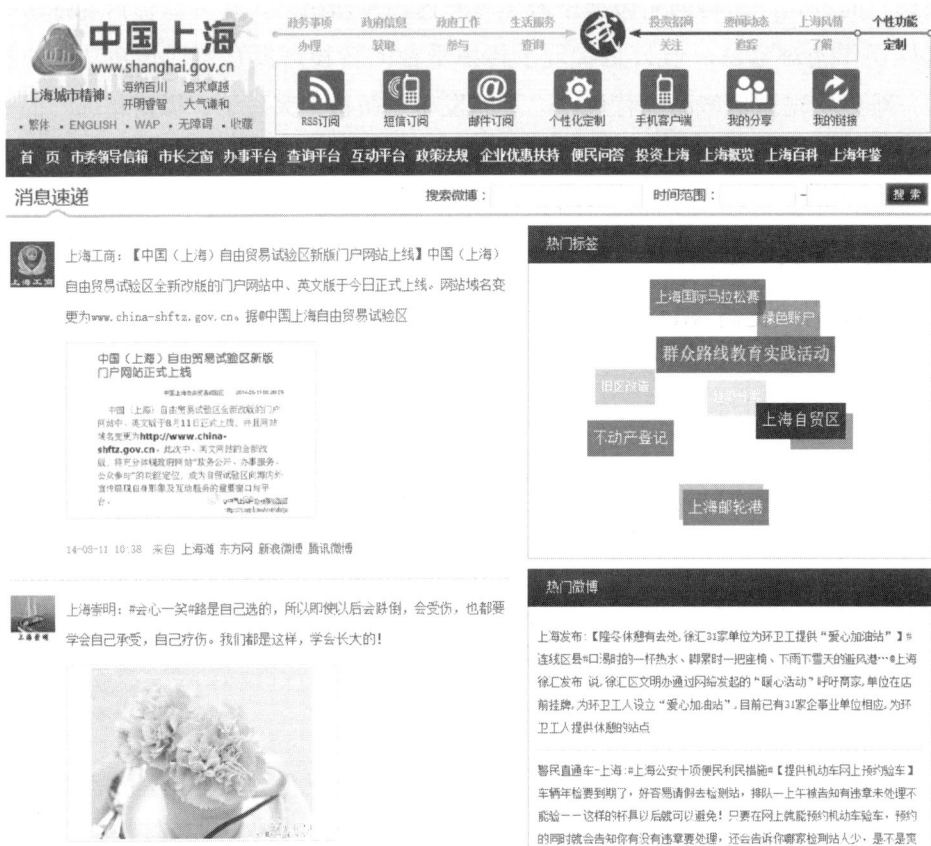

图 6-8　上海政府门户网站"消息速递"栏目

（1）开发政府网站移动终端 APP 版本，提高移动用户通过智能终端访问相关页面的便捷度。该版本须支持Android、iOS操作系统，实现基于iPhone、iPad、Android 平板电脑/智能手机的移动信息服务，而且移动应用框架应当具有良好的可配置性、可集成性、可扩展性，实现网站服务与移动服务的统一用

① 迪莉娅. 国外政府数据开放研究[J]. 图书馆论坛，2014(9)：86-93.

户管理和身份认证等。例如，2014 年 12 月 20 日，江西省九江市修水县开通县委县政府门户网站——中国修水网移动版。移动版开通是该县进一步加强县政府信息公开、建设阳光政府和服务型政府的重要措施，标志着该县政府门户网站在服务途径上实现从固定互联网到移动互联网的变革①。

（2）提高移动终端 APP 的运行情况监测能力，对系统运行效率、异常事件、应用 Bug 等系统运行信息进行全面监测，保障移动网办大厅的安全、平稳、高效运转；了解移动政务门户用户的访问习惯、使用频率、交互时长、演化特征、需求偏好等用户行为数据，基于数据分析改进移动 APP 服务效果。例如，手机等移动终端由于受屏幕和上网速度的限制，所以发布的信息应尽量避免长篇大论，或者大批量地添加图片、音频和视频等信息②。

（3）有效提高 Web 版网站页面在移动终端上的显示效果，实现网站首页WAP 版自动推送功能，逐步实现面向不同终端设备的自适应前台界面。WAP门户能促使用户直接用手机登陆省政府门户网站，随时随地获取所需服务。例如，湖南省政府门户网站的 WAP 门户自 2012 年底上线以来，逐渐丰富信息资源，添加应用功能，公众已经能够查询政务信息、市民服务等，并实现在线咨询等互动功能。内容涉及教育、社保、医疗、交通、天气、水电煤气、旅游、法律服务等方面，能够极大方便群众的生活。但是，倘若 Web 网站在移动终端显示不佳的话，则不利于移动用户群体的使用体验（见图 6-9）。

（4）提高网站全站页面在移动终端浏览器中的显示兼容性，确保在iOS、Android 等移动操作系统浏览器中不出现技术功能不可用、页面区块无法显示等问题，有效保障移动终端用户访问体验。具体而言，政府网站网页在发布之前，应在移动环境下通过 Internet Explorer、Google、Safari 等浏览器来进行兼容性测试，观察页面在这些浏览器中页面布局的表现，并针对诸如HTML5 和 CSS3 等最新 Web 标准规范而设计不同的网页，以增强兼容性。

---

① 江西省信息中心. 修水县建成政府网站移动版[EB/OL]. [2015-02-19].
  http://jxic.jiangxi.gov.cn/gzdt/sxgzdt/201501/t20150112_115300.htm.
② 转引自：赵志刚. 微博在手机图书馆中的应用策略研究[J]. 情报理论与实践，2013(8)：
  72-76. 赵明霞. 大学图书馆微博热冷思考[J]. 图书馆杂志，2012(3)：55-57，89.

图 6-9　某网站在移动终端表现图

6.3.3　应用案例：中国政府网

为了优化中国政府网服务渠道，新版中国政府网形成了多渠道政府信息发布平台，增强了公共服务的覆盖面。

第一，向国内网站延伸，引导进入中国政府网。一些网站在显著位置设立中国政府网信息专栏，及时转发或链接中国政府网的重要政府信息或专栏（见图 6-10），或者设置中国政府网链接（见图 6-11 和图 6-12）。

第二，向移动终端延伸。为适应互联网用户越来越移动化、智能化的特点，新版中国政府网并不是创建专门的移动政务门户，而是采用了多终端界面智能自适应技术，能够识别用户客户端是台式机还是手机、iPad 等移动终端，从而显著提高了手机、平板电脑等不同类型终端用户的可用性。改版前，用平板电脑访问旧版网站时出现的图片滚屏效果失灵等兼容性问题将不再出现。

图 6-10　甘肃省政府门户网站首屏截图

图 6-11　教育部网站首页截图

图 6-12　新华网首页截图

　　第三，适时向社交媒体延伸。在中国政府网中，中国政府网首页提供微博、微信二维码的链接，方便用户关注。2013 年 10 月 11 日，中国政府网官方微博和官方微信在新华微博、腾讯微博和微信开通；2013 年 12 月 18 日，中国政府网在人民微博、新浪微博开通。这些平台是国务院政府开展公共服务的又一重要平台①。此外，在新版网站中，不仅提供省级政务微博和部委微博的入口，还进一步增加社会化分享、内容聚合等新技术，针对主流搜索引擎进行技术优化，增强网站与各类互联网传播平台的紧密结合，提升用户通过各种渠道查询政府网上公共服务的便捷度（见图6-13）。

图 6-13   中国政府网微博、微信页面

① 田丰. 2013 年 10 月 11 日-11 月 30 日简明时政[J]. 中学政史地（初中适用），2013(12)：3-6.

6.4　本 章 小 结

　　本章为政府网站服务渠道拓宽部分。在确定了政府网站服务对象需求、服务内容、服务主体以后，就涉及政府网站服务如何提供给服务对象的问题。这里的服务渠道可以通过两个不同维度来划分：基于用户访问来源可以划分为直接来源、导航来源、搜索引擎来源；基于站点访问的终端类型则可以划分为 PC 端和移动终端。为了有效将政府网站服务传递给用户，有必要对传统服务渠道进行拓宽，而这其中涉及的影响因素包括搜索引擎、社交媒体、移动互联网应用。为此，一方面，政府应当进行从站内和站外进行搜索引擎优化，以提升政府网站服务在搜索引擎上的影响力；另一方面，有必要组合政府网站服务渠道，从而共同组成政府网站服务的多渠道体系结构。

第7章 总结与展望

至此，中国政府网站服务体系重构研究已经进入收尾阶段，但这仅仅意味着本书的结束，而对于政府网站服务体系重构研究，还需要开展很多工作。在此，对眼前所做的工作进行简要回顾，并对研究存在的不足与未来努力的方向进行阐述。

7.1 研究总结

本书以"中国政府网站服务体系重构研究"为研究主题，主要做了如下工作：

（1）对国内外在政府网站服务体系重构方面所进行的研究与实践进行评论，指出了其对开展政府网站服务体系重构研究的参考与借鉴之处。

（2）对政府网站服务体系重构研究相关概念，如政府、政府网站、政府网站服务、体系进行界定与廓清，并从政府职能理论、客户关系管理理论、新公共服务理论论述了开展政府网站服务体系重构研究的理论与思想基础，指出：政府应政府应该扮演好服务者的角色，重视政府网站服务，倾听并回应公民需求，帮助社会公众表达与实现其需求。

（3）通过对我国政府网站服务体系的现状进行调查，分析当前我国政府网站服务面临的问题，提出了包括服务对象需求分析方式改进、服务内容重组、服务主体变革、服务渠道拓宽四个方面的政府网站服务体系重构框架。

（4）分析了政府网站服务对象，包括政府网站服务对象识别和细分，比较了政府网站服务需求分析方法，并在此基础上提出了改进政府网站服务需求分析方式的影响因素，最后列举了国内外在政府网站代码加载分析上的应用案例。

（5）在对政府网站服务需求分析的基础上，提出根据服务需求来提供服务内容，从政府网站服务业务界定、现有政府网站服务业务梳理、面向用户的政府网站服务内容优化三个方面提出重构步骤，并提出从政府网站运行机制和政府网站内容保障机制来支撑内容重构。

（6）分析了政府网站服务主体构成，阐述了政府网站服务主体变革的策略——政府网站多元化服务主体，指出要完善政府自身组织结构，同时培育政府网站服务主体。在此基础上，提出了政府网站服务主体变革的保障机制，以保障政府网站服务主体变革的有效推进。

（7）基于用户访问来源和站点访问终端类型分析了政府网站服务渠道，探讨了拓宽政府网站服务渠道的影响因素：搜索引擎、社交媒体、移动互联网，并在此基础上提出拓宽政府网站服务渠道的对策，即搜索引擎优化和政府网站服务渠道组合。

7.2　研究不足与展望

7.2.1　研究不足

虽然本书在研究过程中，进行了实地调研，做了大量的工作，但现有研究还存在以下不足：一是对政府网站服务体系重构的探讨还有待进一步深入，虽然本研究中政府网站服务体系重构是基于现有研究成果、与政府网站管理人员的访谈，但可能影响政府网站服务体系重构的因素很多，可能还有一些方面并未涉及到。二是虽然在政府网站服务现状调查过程中进行了政府网站调研并与政府网站事务人员进行了访谈，但由于自身能力、精力与成本而导致所选择的访谈人员以及调查样本并没有全部覆盖整个中国政府网站，而要提出可以直接供我国采纳的政府网站服务体系重构，则需要海量的调查与访谈。因此，这在一定程度上会影响本书所提出的政府网站服务体系重构的现实应用价值。三是在政府网站服务的实践应用部分，本书选取了国内外相关政府网站，但各个地方政府网站服务会存在一定差异，有可能在一定程度上影响政府网站服务体系重构的实用性。

7.2.2　研究展望

　　尽管本研究面向我国政府网站服务面临的现实问题，对政府网站服务体系重构进行了较为详细的论述，并进行了相关实地调研，但政府网站服务体系重构是一项复杂而又系统的工作，需要对许多现实运行机制进行实践，特别是政府网站服务界面呈现、服务内容保障规范的实现等方面，都还有待进一步探索，下一步的研究重点包括：一是通过与大量政府网站事务人员以及政府网站领域的研究学者进行交流，并通过大量的社会调查，了解用户对政府网站服务的意见。在此基础上，如果条件允许的话，可以与具有大数据技术的机构合作，借助于该技术对政府网站服务需求进行海量数据分析，以有效指导政府网站服务体系重构的实践。二是后续研究要通过与需要进行网站改版的政府进行协商，努力将政府网站服务体系重构应用于实践，深入到该网站内部，重点关注该网站服务的实践，对该网站服务进行体系重构，分析其对我国政府网站服务体系重构的借鉴意义。

　　本书在论证和阐述过程中的不足，请各位专家学者不吝批评指正。

附录　政府网站服务体系重构调研方案及访谈记录

关于政府网站服务体系重构的调研方案

一、调研目标

为了了解我国政府网站服务实践中所采取的举措，以及开展政府网站服务体系重构所存在的困难等问题，深度了解政府网站事务人员在工作实践中对政府网站服务体系重构的意见，并征求政府网站事务人员对根据现有研究所提出的政府网站服务体系重构框架及内容的意见，以避免纯理论研究的缺陷。通过调研来为下一步提出政府网站服务体系重构对策提供参考与借鉴，进而改善政府网站的服务效能，提高政府网站服务的满意度。

二、调研的重要问题

1. 您认为我国政府网站服务工作中是否需要对政府网站服务体系进行重构？

2. 若需要重构，我国在这方面有哪些举措？重构应该如何开展？还存在哪些困难？

3. 结合现有研究成果，我草拟了政府网站服务体系重构的框架，您看这个框架及内容是否符合我国政府网站服务的实际情况？还存在哪些问题？为什么？

政府网站服务需求分析方式改进：加强政府网站服务对象的识别与分类，加强政府网站服务的大数据分析。

政府网站服务内容重组：以政府职能来界定政府网站服务业务，围绕政府网站栏目来梳理已有政府网站服务业务，再基于用户服务需求来重组政府网站服务内容。

政府网站服务主体变革：完善政府网站服务主体的组织架构，加强培育政府网站服务市场化主体，并配套相应保障机制。

政府网站服务渠道拓宽：加强政府网站之间的协同联动，并延伸政府网站服务在搜索引擎上的可见性，以及延伸政府网站在微博、微信上的影响力。

政府网站服务体系重构的访谈方案

1. 访谈时间：2014 年 6 月 18 日上午

访谈地点：A 市信息中心网站部

访谈内容整理：

在服务需求方面，我们的政府网站所提供的服务都是适应社会发展，适应老百姓需求，体现政府为民服务的要求。

在服务内容方面，以政府信息公开为例，国务院办公厅政府信息公开办公室成立以后，对全国信息公开的指导发挥了重要作用，而且这两年下发的一些文件很有份量，各个地方的相关部门对信息公开越来越重视。例如，去年国办发布的回应关切的 100 号文，其中强调要落实九个方面的重点信息公开内容。我们省的每个地市和部门都要提供内容保障，而且是作为年底考核的一项重要内容。就频率而言，我们每隔两年就会进行一次较大的检查。就我感觉，这个任务还是蛮重，尤其是 2014 年的工作要点，如果要真正得到落实，的确非常不容易。

我们网站是由省政府办公厅领导，由信息中心承担网站的建设运维以及相关业务指导。在政府网站管理体制方面，我认为要明确人员和人才问题。当前有两种趋势：一种是外包，另一种则是自身来管理。外包出去的这种模式中人员流动性比较大，但如果由政府自身来管理，又存在人员编制和工资待遇问题，如果因为这个而没人管也不行。因此，需要有一个解决办法来平衡。

在服务渠道方面，我感觉要明确微博、微信的官方地位，即政府网站服务的载体。各级政府要将微博、微信作为政府官方发布内容的载体。当前，少数领导对微博、微信还搞不太清楚，都以为是无关紧要的东西或者是商业性的，因而只要把自己的门户网站搞好就行了。现在已经进入了全媒体时代，微博、微信是一个重要载体，但是一些地方领导对这个的接受还要有一个过程。另外，诸如《保密法》等国家的一些法律又与政府网站的信息公开内容存在冲突，所以存在保守倾向。

2. 访谈时间：2014 年 6 月 25 日上午

访谈地点：B 省办公厅新闻信息处

访谈内容整理：

我们网站是从 20 世纪 90 年代开始建设的，是全国较早开设政府门户网站的单位。在政府网站服务主体方面，当前体制和机制存在问题。现在政府网站从上至下，既有政府网站存在专门机制，也有实行外包，各个部门承担的职责又不太统一，没有统一的管理体制。目前管理部门较多，而各个地区都存在类似情况，那么网站到底应该由谁来管？就全国而言，各个政府门户网站、各个部门网站由谁去指导、由谁去管理，都没有明确的说法，是办公厅还是信息化部门，这个答案还是很模糊。

我们形成了一个网站群模式：以省政府门户网站为主站，各个厅局、市县为子站，在一个平台上建设。最终形成的结构是：省政府是一个大架构，而各个厅局、市县按照这个模式来输入数据，各个厅局负责自身美工并提供个性化内容。某个部门发布信息以后，这些信息会在主站集中，而不用通过爬虫或拷贝的方式。前些年，办公厅召开会议，并下发了一个文件，要求网站由省政府办公厅主办，负责网站内容保障，而工信厅则负责协办，负责网站技术保障。对于政府网站服务内容，我们网站是按照栏目责任制来将具体内容分发给各个不同厅局和办公厅内部处室，即由具体部门或处室来监督相关内容。

在政府网站服务渠道方面，一些科研机构和企业给我们网站提供了巨大支持和指导。前些年，我们网站排名相对靠后，现在按照"国办"加强政府网站建设的意见，整个指标体系脚踏实地地做，因而在去年互联网影响力评价中，我们在前十。这个影响力评价感觉类似像你提到的政府网站服务渠道的评价。这些年，我们在政府网站建设过程中，非常关注开通微博、微信。我们也进行了大量调研，但是我们还是没有开设微博、微信，也是全国几个没有开通的省份，这是因为我们发现在开通微博、微信时存在一些问题：第一，我们是以省政府门户网站名义还是省政府名义开设微博、微信？上海发布、北京发布、江苏发布等不同微博的操作单位都不同，有的是在办公厅，有的则是在新闻办。第二，微博、微信发布什么内容？以交通、气象等内容为例，如果省政府发布了，那厅局和市县要做什么？同样，在舆情、突发事件方面，如果依照行政层级的话，那么这些内容是不是就提升至省政府来发布？对于我们而言，我们是以政府公报名义来开通微博，其主要内容包括省政府及办公厅发布的政策文件和解读。尽管微博、微信开设相对容易，但是维护起来则不太好办，而且维护不好的话，反而会添乱，因此我们也一直没有以省政府和办公厅的名义来开设。

3．访谈时间：2014 年 6 月 30 日上午

访谈地点：C 市委宣传部网站管理办公室

访谈内容整理：

目前，政府网站管理部门很多，在很大程度上形成一个协调机制是很有必要的。现在国家成立了国家网信小组，把办公室设立在国家互联网办公室，也是想解决类似问题。我们市是互联网发达的城市，网民数量也很多，但是在协调政府网站以及开设政务微博的时候，我们也曾经向办公厅征求意见来由他们管理，想利用他们这种协调能力，但是他们不想承担，而是由宣传部来管理。导致的结果是，为了响应国家 36 号文件，宣传部门发布了要加强政务微博建设的文件，但是该文件的约束力不强，我想如果由办公厅来负责这个事情，很多麻烦会迎刃而解。

今年 2 月，中国政府网进行了升级改版。此次改版充分融合了当前的大数据理念，即此次改版是由国家信息中心网络政府研究中心通过大数据技术来分析用户需求，进而构建了新版网站。此外，改版后的网站还针对大数据环境而运用图表、视频、数字、专题等多种形式来呈现内容，以增强可视效果。可以

说，此次改版为全国政府网站的服务创新提供了样板。我们也将学习借鉴这一成果经验，从供给导向向需求导向转变，推动服务型政府网站的建设。

关于服务内容，我们的信息来源包括购买数据（电子图书馆等），自动抓取信息、报送。我觉得各个不同层级政府网站应该有不同定位。中央政府侧重宏观政策宣传和解读，主要是对中央领导的宣传报道；省级政府则应该侧重政务公开和在线办事，而宣传的功能要弱化，不能办成新闻网站；县级政府更多是与老百姓打交道，而乡镇一级政府则没必要办网站，而是都统一到县级政府网站。

关于服务渠道，我们政府网站要适应移动互联网的发展，因为当前网民使用较多的是手机版，"标题党"更能吸引眼球，而且通过移动应用能在碎片化的时间以最便捷方式获取信息。服务渠道，要考虑用户获取信息的渠道以及用户行为。涉及办事及信息的权威时，用户会考虑访问政府网站。职业媒体记者也会关注政府网站。普通用户会通过搜索引擎、新闻类网站、新闻媒体来获取信息。比如，用户理解的"外汇"与政府提供的"外汇"是不一样的，用户将美元认为是外汇，而政府则对外汇的定义更广。当网民在搜索美元、英镑等关键词的时候，网站应该将外汇的相关信息推送给网民。为了方便公众更便捷获取政府网站发布的内容，我们不断采用新的技术手段，优化了网站搜索系统，方便那些不了解我们网站的公众便捷地搜索所需要的政府信息。此外，我们还与互联网搜索公司合作，提升我们网站页面在搜索引擎中的收录比例和搜索效果，为公众提供更权威的信息。针对移动客户端，我们也开发了多个版本的网站，让移动网民能浏览我们网站的核心内容。

4．访谈时间：2014 年 7 月 2 日上午

访谈地点：D 市信息办主任

访谈内容整理：

你这个中国政府网站服务体系重构研究还是很有必要的。就目前而言，对政府网站架构、管理、运行都要有明确的规范性要求，从而让地方政府有据可循，更好体现政府网站服务的本职要求。以信息公开为例，尽管《政府信息公开条例》明确指出，政府网站是政府主动公开信息的平台之一，但是却没有对

这一平台的特定意义作进一步解释。更为重要的，我认为要处理好三个方面的关系。一是政务内网和政务外网的关系问题。现在所有的公务人员都是网上办事的成员，但目前存在两张皮现象，即不是由专业人员来做网站，而是由公务人员来负责。导致的问题是，自身对信息社会认识不深，也不知道网站哪个部分建设的好。二是政府总网站和各部门子网站的关系。从理论上来讲，应该呈现的既不是只建设一个总网站，也不是出现各种五花八门的网站。为此，可以统一构建一个数据支撑平台或者一个强大的平台，但是又不能将各个部门分离出去，而是可以通过复合式链接的形式，让用户能不知不觉地进入其他部门网站。三是政府内和政府外的关系。政府网站不能完全由政府内部人来做，但也不能完全由政府外部人来做，这要明确到底哪些工作可以外包。例如，技术、底层内容、一些标准化和低端内容可以实行外包。

在政府网站服务的运行机制方面，政府网站应该是属于政府。但省级部门在这方面存在问题较大，如网站建设一般是由信息中心负责，但它们不能提供内容保障，还是得依靠办公厅，所以负责考核的主体必须是办公厅。以我们为例，我们分为三个层面：领导决策层、中间协调层、基础操作层，而且也注重处理好领导、业务部门、外包公司之间的关系。政府网站服务内容来源于各个部门的栏目，而首页重要的内容则是外包公司负责。

我们将服务作为第一位。相对于省市级政府网站而言，更多面向公众审批。省级面对政府审批，而市级则是两方面情况都有。市里是行政审批中心，乡镇的是便民服务中心。但是，尽管各级政府都在建设网站，却存在整合的困难。2002 年国办发布的管理办法还应细化，都没涉及到域名规范。在服务内容上，政府网站建设必须的内容应该包括：政府信息公开、机构设置、政策法规，不能有敏感、涉密的内容，也不能搞盈利性活动，比如提供广告链接，但是可以将所有企业都分类加以链接。具体也要看政府网站服务的提供者是政府还是部门。从理论上来说，应该是政府网站便民的服务内容多一些。政府网站要做到大而全，这不现实也不合适。为此，政府网站服务内容应该与公民密切相关，而且要注意打破部门分割界限。例如，政府门户网站、政府职能部门网站都存在内容重叠，诸如机构设置、政策法规等。为此，我们采取的措施就是给各个部门做个链接，那么这个网站背后所支撑的则是几十个部门、企业、乡镇和园区。

5. 访谈时间：2014 年 7 月 6 日上午

访谈地点：E 省办公厅政府信息化处

访谈内容整理：

现在政府网站服务有必要进行重构，尤其是现在不断强调"服务型政府"，意味着政府网站要从过去信息发布网站转变为以服务为主的全功能网站。当前，三大功能定位远远不能指导相关工作开展，需要总结相关经验，形成理论指导，从而形成一套理论体系指导政府网站服务重构。

今年我们打算进行网站优化升级，主要做一些栏目整合，完善基本功能、美化设计，增加新媒体客户端和分享技术，同时还要完善英文版。

在服务需求方面，要了解公众的需求，就要细分受众，按照公众关注的事项，如何根据切身利益相关的事项细分公众。在应用上，关键是从用户需求的角度来提供服务，但是之前要了解公众的需求，却没有客观依据。后来，国家信息中心网络政府研究中心提供了帮助，他们自主研发的政务网站智能分析系统能精准分析用户需求。经过这一分析之后，发现原本我们以为建设得很好的内容，用户常常找不到，为此我们开展了搜索引擎优化工作，大大提升了网站搜索引擎收录数，使得网站内容更容易被用户找到。我们现在应该应用互联网思维，站在网民视角进行网站建设。

在服务内容方面，我们在内容保障这块做得不错。我们借鉴了一些地方的先进做法和成功经验，制定了一系列规范制度，如网站内容保障制度，其中最重要的是绩效考核，这是推动政府网站服务工作的重要抓手。我们对每个市县、厅局都有独立的信息报送系统，每个单位在每个月都有相应的报送任务，年终时办公厅会对这些网站进行考核表彰。

在管理方面，我们网站起初是由省经信委管理，后来划分到办公厅。我们现在遇到的问题就是在线办事方面，因为这个涉及到方方面面，但办事平台又是各自为政的，因而没有政策或顶层上推动，就很难统一各个部门的服务。我们想办个事都很困难，因为每个单位都有信息中心，很难协调。从国外的政府网站来看，它们最主要的还是服务。因此，如何形成相应机制来形成联动，这对网站发展关系很大。

在服务渠道方面，我们面临的问题突出。在日常工作中，我们跟老百姓说我们已经通过政府网站发布文件和出台相关规定了，但老百姓说不知道，还说你得送到我家里。老百姓的家在哪里？在自己的微信、微博里。自我们政府网站微博开通以来，领导决定不互动，只是发布信息，但由于人手不够，微博更新速度很慢。所以我感受到政府网站和政务微博工作中团队建设的重要性。不仅要注意加强新媒体传播平台信息服务和技术支持，还要提高政府网站工作人员和政务微博工作团队的政治素质、业务水平和网络技术运用能力，并且有必要对这些人员进行相关培训。

6. 访谈时间：2014 年 7 月 12 日上午

访谈地点：F 省信息中心

访谈内容整理：

关于中国政府网站服务体系重构这个题目，对于我们这些负责政府网站的人来说，的确还是有意义的。我们现在到处讲大数据，而在大数据时代，我们政府也面临诸多问题。技术上我们不太清楚，但是如果国家不能从战略和政策上统一，就很难形成良好政府网站服务。所以，政府网站服务体系重构，这对政府网站服务的顶层设计还是有很大作用的。我们感觉政府网站与其他网站主要有两个区别，一是权威性，二是服务政府和服务公众，这两个服务是并重的两个关系，即服务政府就是更好的为政府工作来做些宣传和推进，去引导公众理解和支持政府的工作。

在政府网站服务需求分析方面，我们不一定仅仅局限于向政府网站学习，还可以向其他领域学习，比如大数据分析。以淘宝为例，政府网站向它们所学习的不仅仅是网站页面设计，更重要的背后的数据分析，因为它们对数据的应用做得非常好，而这些思路对我们分析政府网站服务和用户的行为，从而来改进服务是有很大借鉴意义的。

关于政府网站服务内容，我们构建了内容保障机制，我们采取的是一个分步维护、集中发布的机制。政府门户网站是一个大门，进去之后是各个房间，而这些房间的信息需要委办局、区县网站的集体支撑，各个部门好的内容可以在门户网站上集中发布，但是维护则是在各个部门自己，我们只是提供一个平台。同时，依托内容保障平台，我们也做了相应的提示工作，采用了智能错链断链扫描工作，通过扫描一遍以后，我们再进行人工扫描，我们会将最终的错误信息通过电子邮件和手机短信发送给相关负责人，这就是我们确保网站安全可靠的做法。

我觉得政府网站服务的供给主体方面需要顶层设计，因为目前五花八门，有的是宣传部、办公厅、信息中心。我们现在是公益类事业单位，但是要我们去协调机关来改进网站，这有点困难。所以，需要国家有个规范下来，到底网站需要多少人力、物力投入。政府网站的服务性要向前跨越一步，现在还是我们提供服务，让人来使用，但真正的使用很少，一方面是因为我们的宣传不够，另一方面是网站所提供的是独立的服务。例如，公众如果要购房的话，会牵涉到房管局、户口、银行、中介等多个机构，但我们在做服务的时候，却是信息孤岛，只有一个网站。对于公众而言，购房是一件事，但对政府网站来说，则是多个网站的事情。门户网站要协调的部门很多，应该将这个作为重点。

关于服务渠道，我觉得要适应新媒体发展趋势，在网民活动的主流媒体渠道，也就是微博、微信上发布信息。微博、微信的应用极大丰富了公众获取政府信息和服务的渠道，构建智慧政府门户已经成为政府网站发展的必然趋势了。我们省政府主要领导同志高度重视新媒体的应用，多次要求省直机关办好政务微博。去年，我们还制定了加强政务微博应用的文件。在我们省政府门户网站上开设了政务微博专栏，集中显示市和省直机构的政务微博，整合信息发布资源，联动全省政务微博，延伸政府网站服务的新渠道。

7. 访谈时间：2014 年 7 月 16 日上午

访谈地点：G 部委信息中心

访谈内容整理：

各级领导也把政府网站放在第一位。我们领导多次批示要加强政府网站建设，并发挥它的作用。对政府网站，我们要将其定位在信息发布、在线办事和互动交流上。我们也是按照这三大功能来进行全面改版的。政府信息和新闻传播密切相关，政府信息也是除电视、报纸、杂志之外进行新闻宣传的一个平台，而政府网站是对外宣传的最重要平台。就所有的媒体而言，政府网站是最重要的。作为政府职能部门网站，我们把网站定位在行使政府职能的平台，联接公众的纽带。为了提高在线办事的效率，我在想是不是可以以外网为主、内网为辅，因为透明政府的构建很重要，很多内容没必要走内网，这也有利于社会监督。

以我们网站为例，新闻动态里面的内容是来自本行业、本系统的信息，由各司局、各下属公司报送。我们会分门别类的设置行业频道，并对来源信息进行加工。为了保证政府网站的有序，我们将网站建设作为考核各个司局的业绩，建立各司局子网站。一部分给司局开端口，实施文责自负，另一部分则代为维护。通常而言，一般信息都是各司局自己维护，而信息中心来进行抓取，而对于那些重要信息，则实行子网站随时报送。为了确保政府网站服务内容，应该实行层级制的管理，即下级要积极向上级报送内容，而上级网站要将下级的这种行为进行考核。换句话说，上下政府网站之间要协同，但同时也要确保安全。地方政府网站如果出现不符合国家整体政策的内容，就要通过业务部门来发文纠正，而且下级政府网站内容也不应该由上级负责。但是，反过来，上级政府网站发布重大宣传通知的话，下级有义务服从整体安排。

为了细分服务需求，我们最终确定了机关司局、地方委办、行业、用户等四个频道。尽管用户需求对于政府网站特别重要，但是也不能单纯迎合用户的口味需求，而是必须围绕本部门工作，并在这个前提下再来考虑需求问题。例如，我们主要反映的是政府内容和职能体现，不能带商业性、不能转载新闻媒体，即政府不像企业那样是为了销售产品，所以不能发布广告之类的内容，而且对虚假关高所产生的后果也无法把握。

在服务渠道方面，我认为虽然称之为政府网站服务，但是不能局限于政府网站。换句话来说，主导思想就是贴近老百姓，无论今后会发展出什么样的信息技术，政府网站都要主动介入。过去是我们将网站作为自己的平台，用户会来网站，那么我们不用开通微博、微信。但是，现在用户不愿意来网站，而是去微博、微信，而且一些地方还提供了个性化平台。

8．访谈时间：2014 年 7 月 18 日上午

访谈地点：H 部委信息中心

访谈内容整理：

我们现在是有必要重新考虑和思考政府网站服务定位了，政府网站的便捷在哪里，尤其是在新环境下，从做政府网站的角度来看，需要考虑公众到底需要一个怎样的政府网站来提供服务。从网站本身来说，它只是公共服务供给的载体和平台，那么在各个渠道和媒介不断涌现的背景下，政府网站服务需要重新定位。现在讲简政放权，我们政府网站能提供什么服务，这需要重新考虑。现在国家还成立了网信小组，这对政府网站有没有影响，以及在微博、微信不断发展变化的情况下，政府网站服务供给的渠道怎样发展，不能是出现一个新玩意，我们就让一群人去做这些事情。政府网站服务所涉及的是多方面所影响的结果。

在网站内容方面，要强调考虑网民需求来建设内容。在内容保障方面，我们是实行各个司局负责建设各自的子网站，然后由我们将这些内容提取到网站首页中。在内容保障机制上，各个保障部门都要每天上报内容，因此不愁政府网站没有内容，而且各个司局的保障积极性还比较高。

我们去年进行了改版。现在更强调以用户需求为导向。一是针对不同用户进行服务分类。即根据其需求和关注点，对内容进行分类提供。二是在首页上进行了服务集成。三是对网站展示方式进行了优化。四是注重对移动互联网的支持。

在管理机制方面，我们政府网站、微博、微信三项工作分散在不同处室来开展工作，这样有可能导致彼此之间的冲突。据我所知，证监会的网站、微博、微信都由一个处室负责，这有利于从形式、内容上来将彼此之间串联起来，因而它们不仅是政府提供公共服务的渠道，更是优化电子服务的工具，但这也存在着供给同质化的缺陷。因此，如何分析这两种不同机制的利弊并构建合适的管理机制，才是关键。

在服务渠道方面，我们要遵循互联网信息传播规律，拓宽网站信息传播渠

道。现在互联网信息传播的平台不仅多元，而且形式多种多样，这意味着各个政府部门要利用传统政府网站和新媒体平台，形成联动信息发布的机制。当前，像云计算、即时通讯、智能搜索等新型信息技术都是影响政府网站服务转变的重要因素。因此，政府网站需要应用互联网新技术来重新调整服务机构，从而加强服务资源整合以及提升服务的智能化。据我所知，像商务部、海关总署都是通过智能搜索引擎改造，实现了通俗白话和官方用户的智能翻译，从而提升了搜索结果的匹配度。

9. 访谈时间：2014 年 7 月 20 日上午

访谈地点：I 部委信息中心

访谈内容整理：

自我们网站组建以来，我们积极贯彻落实党中央、国务院关于加强政府网站管理工作的要求，根据新形势下用户对政府网站需求的不断变化以及政府自身改革的内在要求，来创新政府网站的服务工作。总体而言，我们在肯定现有政府网站成绩的同时，也要实事求是的发现和总结政府网站提供服务的过程中所面临的问题和不足。

公共服务的载体网站要以用户需求为导向，比如五月份最热的是旅游业，九月份最热的是教育事业。我们政府网站也想改版，但是没有数据分析，希望国家能在 RSS 规定、微博和微信规定方面提供指导。归根到底，在做政府网站工作中要深入体会以人为本的工作理念，研究网民的信息服务需求，找准工作的着力点。网站要以用户作为主线来将主要内容整合为政务事项。

政府网站要做好定位，加强自身建设。政府现在做的是宣传，商业在做的是商业新闻，定位不同导致政府网站很难做到商业网站的影响力。为此，我觉得内容建设管理要与政府职能转变相结合，因为政府职能决定了网站功能。

在管理体制上面，感觉不太科学。现在对政府网站的管理出现了各自为政的现象，即你有你的一套，我有我的一套，比如说政府网站归政府办公厅管，政府网站建设运维由信息中心管，微博、微信由宣传部管。这导致的后果就是，你发你的，我发我的，最终发出来的内容好像不是政府的声音。政府网站运维开销的确很大，这个网站不仅面向全市，甚至面向全世界，加上技术更新快，导致资金投入一直很大。现在政府网站都强调服务公众，那这里面有没有可能将相关内容进行市场化呢？比如，我们在对公共交通之类栏目上做些工作来弥补资金缺口。

目前政府网站还停留在 PC 端，而移动互联网正在迅速发展，对政府网站形成了巨大挑战。政府网站要紧跟技术发展，采用网民愿意接受的形式，因此政府网站要适应移动终端用户的需求，考虑用户的需求和使用习惯。要优化服务渠道，要加强政府网站之间的联动。联动不仅要上下联动、左右联动，还要注意不同城市之间的联动、兄弟部门之间的联动。此外，也要加强政府网站与微博、微信之间的互动，因为微博、微信的信息应该来源于网站，不应该将它们之间分开管理，而是把网站打造成公共服务的第一平台，而微博、微信则嫁接上去。

10．访谈时间：2014 年 7 月 22 日上午

访谈地点：J 部委信息中心

访谈内容整理：

政府网站服务很重要，针对新形势下的服务体系重构也很重要，但目前没有权威管理，因此需要一个可依据、可参考、可借鉴的东西。我们网站是当初"政府上网工程"的主要发起单位之一，至今已经过七八次改版。经过数十年的发展，我们网站已由建设初期以信息发布为主，仅有数十个栏目的一百多条信息，发展成一个拥有两千多个栏目、七千多条数据的网站，集成了我们部委所有的行政许可和非行政许可项目。

在 2013 年，我们网站又进行了一次改版，旨在提升网站服务水平。我们这次改版的主导思想是以用户为中心，突出网站的服务功能。这次改版并不是对旧版网站的全盘否定，而是在继承中谋求创新。新版网站继承了用户的访问习惯以及用户所关注的主要网站栏目，也就是保留用户喜好的栏目，新建了一些新的综合性服务栏目。如何考虑用户需求来建设网站，网站内容供给要考虑网民需求，我们在这方面还是有待加强的。尽管目前我们网站已经成为行业工作者和公众了解我们工作的重要窗口，并对重要政策发布进行了解读，但与公众日益增长的服务需求之间还存在较大差距，这需要对相关信息做进一步的挖

掘和加工，但是没有专项经费的支持，政府网站的服务能力就会受到制约。

在服务内容方面，我们新版网站按照新闻宣传、信息公开、在线办事、互动交流等四个板块，对原有的政府网站内容进行整合，并优化网站页面表现和内容组织。例如，我们新版网站紧跟当前网站发展趋势，采用了标签栏表现形式，使得页面能清晰并突出重点的显示内容，从而方便用户查找。

在服务主体方面，我觉得完善管理体制、完善运行机制是重点。政府网站建设的关键在于人，因此政府网站需要主管部门领导的重视。以我们为例，我们主管领导会亲自去各级政府网站进行调研，会经常召开专题会议研究，针对网站建设和运行维护中的具体问题进行讨论，还会安排专门人员带队去兄弟单位学习经验。

但是在服务渠道方面，我们还没有推动利用新媒体，这是因为人员比较紧张，这也不是只有我们才面临的问题。我觉得应该从加强新技术应用方面来创新服务渠道。例如，增加无障碍浏览技术实现网页和字体大小变换、指读、辅助线等功能，方便视力不好或视力障碍的用户；建设 WAP 门户来让用户可以通过手机登陆网站来随时随地获取所需服务；采用微博形式来拓宽公共服务渠道，努力创新互动交流形式。

参 考 文 献

中文类

[1] 覃正，李艳红，黄骁嘉. 中美电子政务发展报告[M]. 北京：科学出版社，2008.

[2] 郭宝平，余兴安. 政府研究概览[M]. 太原：山西人民出版社，1992.

[3] 李志更，秦浩. 政府网站构建与维护[M]. 北京：中国人事出版社，2011.

[4] 陈华. 吸纳与合作：非政府组织与中国社会管理[M]. 北京：社会科学文献出版社，2011.

[5] 徐勇，高秉雄. 地方政府学[M]. 北京：高等教育出版社，2006.

[6] 周平. 当代中国地方政府[M]. 北京：人民出版社，2007.

[7] 陈振明. 公共管理学[M]. 北京：中国人民大学出版社，2003.

[8] 周凯. 政府绩效评估导论[M]. 北京：中国人民人学出版社，2006.

[9] 陈小筑. 中国政府网站建设与应用[M]. 北京：人民出版社，2006.

[10] 李军鹏. 公共服务学——政府公共服务的理论与实践[M]. 北京：国家行政学院出版社，2007.

[11] 张志坚. 行政管理体制改革新思路[M]. 北京：中国人民大学出版社，2008.

[12] 汪洪涛. 制度经济学:制度及制度变迁性质解释[M]. 上海：复旦大学出版社，2009.

[13] 中国社会科学院语言研究所词典编辑室. 现代汉语词典（2002 增补本）[M]. 北京：商务印书馆，2002.

[14] 翟文明，李治威. 辞海[M]. 北京：光明日报出版社，2002.

[15] [美]奥斯本，盖布勒. 改革政府：企业家精神如何改革着公营部门[M]. 周敦仁等，译. 上海：上海译文出版社，1996.

[16] [美]Yin R K. 个案研究：设计与方法（第 2 版）[M]. 周海涛，李永贤，

李虔，译. 重庆：重庆大学出版社，2010.

[17] [奥]维特根斯坦. 哲学的逻辑[M]. 商务印书馆，1962.

[18] [法]莱昂·狄骥. 公法的变迁：法律与国家[M]. 郑戈，冷静，译. 沈阳：辽海出版社，1999.

[19] [美]珍妮特·V·登哈特，罗伯特·登哈特. 新公共服务：服务，而不是掌舵[M]. 丁煌，译. 北京：中国人民大学出版社，2010.

[20] [美]戴维·H·罗森布鲁姆，罗伯特·S·克拉夫丘克. 公共行政学：管理、政治和法律的途径[M]. 北京：中国人民大学出版社，2002.

[21] [美]丹尼尔·贝尔. 资本主义文化矛盾[M]. 赵一凡等，译. 北京：生活·读书·新知三联书店，1989.

[22] [美]乔治·弗雷德里克森. 公共行政的精神[M]. 张成福，刘霞，张璋，孟庆存，译. 北京：中国人民大学出版社，2013.

[23] [美]曼瑟尔·奥尔森. 集体行动的逻辑[M]. 陈郁，李崇新，译. 上海：上海三联书店，1995.

[24] 马克思恩格斯全集（第3卷）[M]. 北京：人民出版社，1965.

[25] 列宁. 论所谓市场问题[M]. 北京：人民出版社，1956.

[26] [美]Elizabeth M，Hull C，Jackson K，et al. 需求工程[M]. 韩柯，译. 北京：清华大学出版社，2003.

[27] [美]约翰·克莱顿·托马斯. 公共决策中的公民参与[M]. 孙柏瑛，等，译. 北京：中国人民大学出版社，2005.

[28] [美]B·盖伊·彼得斯. 政府未来的治理模式（中文修订版）[M]. 吴爱明，夏宏图，译. 北京：中国人民大学出版社，2013.

[29] [美]阿金. 思想体系的时代[M]. 王国良，李飞跃，译. 北京：光明日报出版社，1989.

[30] 王长胜，许晓平. 中国电子政务发展报告（2010）[R]. 北京：社会科学文献出版社，2010.

[31] 杜平，于施洋. 中国政府网站互联网影响力评估报告（2013）[R]北京：社会科学文献出版社，2013.

[32] 孙久舒. 基于内容关联的政府网站信息服务模型研究[D]. 长春：吉林大

学，2011．

[33] 何芦琪．基于客户关系管理理论的政府网站信息架构研究[D]．上海：上海交通大学，2013．

[34] 李斌．服务型政府网站建设[D]．杨陵：西北农林科技大学，2012．

[35] 马小晋．河南省政府网站服务提升策略研究[D]．洛阳：河南科技大学，2013．

[36] 柳大伟．地市级政府网站服务功能实现研究——以南宁市政务信息网为例[D]．南宁：广西大学，2012．

[37] 童瑜．基于服务型政府导向下的新津县政府网站建设研究[D]．成都：西南交通大学，2012．

[38] 环菲菲．新公共管理理论与政府网站建设：兼论服务型政府实现途径——以上海市水务局政府网站为例[D]．上海：复旦大学，2010．

[39] 黎邦群．基于搜索引擎与用户体验优化的 OPAC 研究[J]．中国图书馆学报，2013（4）．

[40] 王啸天．老年慢性病痛心理因素的质性研究[D]．上海：华东师范大学，2009．

[41] 谭淑文．基于公民参与导向的我国电子政务发展路径研究[D]．南昌：江西财经大学，2012．

[42] 金献幸．城市政府门户网站服务质量与内外部用户再使用意愿研究——以杭州市政府门户网站为例[D]．杭州：浙江大学，2007．

[43] 周向明．医疗保障权研究[D]．长春：吉林大学，2006．

[44] 杨超．我国基本公共服务供给中的政府责任研究[D]．长春：东北师范大学，2013．

[45] 谭淑文．基于公民参与导向的我国电子政务发展路径研究[D]．南昌：江西财经大学，2012．

[46] 张霞．新形势下政府公共服务职能研究[D]．成都：电子科技大学，2006．

[47] 孟艳．公务员角色的重新定位——基于登哈特的新公共服务理论[D]．长沙：湖南师范大学，2010．

[48] 苏磊．面向搜索引擎优化的网站建设方法研究[D]．天津：天津大学，

2006.

[49] 人民网研究院. 互联网前沿追踪[N]. 人民日报, 2014-06-26 (20).

[50] 李鹤, 杨玲. 全民移动互联时代来临[N]. 人民日报, 2014-06-12 (14).

[51] 梁爽. 绩效排名点燃服务外包新商机[N]. 中国财经报, 2010-01-20 (005).

[52] 熊丽, 张伟. 简政放权仍将持续深入推进[N]. 经济日报, 2014-09-11 (001).

[53] 余飞. 网络安全治理频出重拳[N]. 法制日报, 2015-01-08 (004).

[54] 林大茂. 英国电子政务网站缘何"瘦身"? [N]. 通信信息报, 2007-11-07 (B04).

[55] 韩冰. 英国政府网站如何做"减法"[N]. 新华每日电讯, 2013-10-30 (003).

[56] 工业和信息化部赛迪研究院信息化走势判断课题组. 三季度形势分析与四季度走势判断[N]. 中国信息化周报, 2014-12-01 (024).

[57] 张向宏, 张少彤, 王明明. 政府网站绩效评估指标体系——2006 年中国政府网站绩效评估回顾专题之一[J]. 电子政务, 2007 (4).

[58] 黄霞, 朱晓峰, 张琳. 个性化电子政务信息服务研究[J]. 电子政务, 2012 (Z1).

[59] 蓝煜昕. 地方政府机构改革轨迹、阶段性特征及其下一步[J]. 改革, 2013 (9).

[60] 杨佳. 新浪"媒体及政务机构"微博的发展特征[J]. 新闻传播, 2014 (6).

[61] 赵志刚. 微博在手机图书馆中的应用策略研究[J]. 情报理论与实践, 2013 (8).

[62] 迪莉娅. 国外政府数据开放研究[J]. 图书馆论坛, 2014 (9).

[63] 王世伟. 全球大都市图书馆服务的新环境、新理念、新模式形态论略[J]. 图书馆论坛, 2014 (12).

[64] 汪小平. 全面推进行政体制改革的措施及意义[J]. 当代经理人, 2006 (9).

[65] 高舒, 刘萍. 微博在高校图书馆的应用[J]. 情报探索, 2012 (5).

[66] 陈建平. "新公共服务"的公共理性诉求[J]. 上海行政学院学报, 2007 (2).

[67] 邱荷. 新公共服务的理论反思[J]. 边疆经济与文化, 2008 (5).

[68] 邓念国. 新公共服务理论的民主意蕴及其实现路径[J]. 江海学刊，2008（3）.

[69] 杜俊霞，薛龙. 浅谈新公共服务理论[J]. 中国集体经济，2011（19）.

[70] 张练. 新公共服务视角下的服务型政府建设[J]. 长春理工大学学报（社会科学版），2009（5）.

[71] 瞿艳平. 国内外客户关系管理理论研究述评与展望[J]. 财经论丛，2011（158）.

[72] 于施洋，杨道玲. 对电子政务绩效评估的再认识：国际视角[J]. 电子政务，2007（7）.

[73] 于施洋，杨道玲. 基于用户体验的政府网站优化：总体思路[J]. 电子政务，2012（8）.

[74] 杜浩文，雷战波，艾攀. 政府门户网站服务质量评价研究述评[J]. 情报杂志，2010（2）.

[75] 张磊. 德国行政生态环境发展状况及其对中国的启示[J]. 中国集体经济，2014（16）.

[76] 刘渊，易凌志. 政府门户网站信息服务与用户价值感知：以"中国浙江"政府门户网站及其用户服务为例[J]. 情报学报，2009（3）.

[77] 袁文清. 美国政府信息资源的开发利用：经验和启示[J]. 图书馆，2009（2）：67-69.

[78] 卢晖临，李雪. 如何走出个案——从个案研究到扩展个案研究[J]. 中国社会科学，2007（1）.

[79] 程凤荣. 准确把握用户需求——中国政府门户网站升级的关键[J]. 电子政务，2005（14）.

[80] 唐月伟，宋君毅. 残疾人服务——政府网站公共服务对象细分的尝试[J]. 电子政务，2009（9）.

[81] 曹庆娟. 基于用户体验的政府网站用户满意度研究[J]. 情报科学，2009（10）.

[82] 国家信息中心网络政府研究中心课题组. 中国政府网改版的理念与实践[J]. 电子政务，2014（3）.

[83] 尹岩凌．城市政府门户网站建设[J]．信息技术，2004（12）．

[84] 王友奎，周亮，王凯．服务型政府网站的体系架构探讨[J]．电子政务，2011（1）．

[85] 张少彤，张连夺，董政刚．基于用户需求的服务型政府网站建设思路[J]．电子政务，2013（3）．

[86] 王璟璇，于施洋．基于用户体验的政府网站优化：精心设计服务界面[J]．电子政务，2012（8）．

[87] 徐芳．交互设计与政府网站信息服务优化研究[J]．电子政务，2012（4）．

[88] 边晓利．图书馆为政府提供决策信息支持的误区透视与创新对策[J]．情报资料工作，2007（1）．

[89] 颜海，朱群俊，汲宇华．服务型政府网站设计理念与风格[J]．档案学研究，2011（4）．

[90] 汤丽．政府网站公共服务体系建设的思路[J]．电子政务，2011（9）．

[91] 王建冬，于施洋．基于用户体验的政府网站优化：动态调整栏目[J]．电子政务，2012（8）．

[92] 徐晓斌，宋俊华，唐木涛．我国政府网站服务品质的分析与思考[J]．信息技术与信息化，2006（6）．

[93] 董政刚．基于服务质量差距模型的政府网站服务改进策略研究[J]．电子政务，2013（6）．

[94] 黄萃．基于政府失灵的电子公共服务项目建设模式构建[J]．情报杂志，2006（8）．

[95] 顾平安．面向公共服务的电子政务流程再砸[J]．中国行政管理，2008（9）．

[96] 陈岚．从统计数据看我国各地政府门户网站绩效差异[J]．中国管理信息化，2008（17）．

[97] 肖微，卢爱华．我国政府网站公共服务的现状分析与优化路径[J]．科技创业月刊，2009（4）．

[98] 杜治洲．电子政务接受度研究——基于 TAM 和 TTF 整合模型[J]．情报杂志，2010（5）．

[99] 周晓英，王冰．英国政府在线公共服务的保障措施研究[J]．情报科学，2011（8）．

[100] 井西晓．拓展政府网站公共服务的路径——以创新扩散理论为视角[J]．理论探索，2011（4）．

[101] 李广建，王巍巍．国外政府网站整合服务研究[J]．情报科学，2011（4）．

[102] 袁健，薛源，唐月伟．我国政府网站在提供公共服务方面存在的问题与对策[J]．电子政务，2009（5）．

[103] 邓悦．河北省地级市政府网站信息资源建设与服务现状研究[J]．电子政务，2010（8）．

[104] 翟志清，喻敏．政府网站的个性化服务建设[J]．新闻前哨，2013（5）．

[105] 刘焕成，杨彩云．论政府网站的特色化和个性化信息服务[J]．图书情报知识，2010（6）．

[106] 杨木容．对省级政府网站个性化信息服务建设的调查研究[J]．图书馆建设，2008（3）．

[107] 李贺，齐保国．吉林省地市级政府网站信息服务内容调查研究[J]．图书馆学研究，2013（11）．

[108] 黄冠群．论高职院校校企合作模式构建的理论基础[J]．商场现代化，2011（21）．

[109] 施雪华．论政府职能的结构与特性[J]．中国行政管理，1995（6）．

[110] 周斌．客户关系管理对电子政务的借鉴[J]．同济大学学报（社会科学版），2005（4）．

[111] 鄢奋．现代西方公共产品理论的借鉴与批判[J]．当代经济研究，2012（10）．

[112] 王璟璇，杨道玲．基于用户体验的政府网站绩效评估：探索与实践[J]．电子政务，2014（5）．

[113] 李露芳，何义．公共经济学视域中的国内农村图书馆普遍服务研究[J]．图书馆建设，2013（12）．

[114] 董振国．政府网站专业队伍建设模式及外文版的思考——以河北省政府网站为例[J]．电子政务，2012（1）．

[115] 张勇进，杨道玲．基于用户体验的政府网站优化：精准识别用户需求[J]．电子政务，2012（8）．

[116] 王珊，等．架构大数据：挑战、现状与展望[J]．计算机学报，2011（10）．

[117] 刘叶婷，王春晓．"大数据"，新作为——"大数据"时代背景下政府作为模式转变的分析[J]．领导科学，2012（35）．

[118] 刘高勇，汪会玲，吴金红．大数据时代的竞争情报发展动向探析[J]．图书情报知识，2013（2）．

[119] 李海涛，宋琳琳．政府门户网站公众满意度调查问卷缺失数据的处理研究[J]．情报学报，2013（6）．

[120] 于施洋，王建冬．政府网站分析进入大数据时代[J]．电子政务，2013（8）．

[121] 张锐昕，吴江，杨国栋．电子政务绩效评估制度建设的目标和重点[J]．中国行政管理，2006（4）．

[122] 黄宏伟．整合概念及其哲学意蕴[J]．学术月刊，1995（9）．

[123] 张锐昕，姜春超．政府门户网站的功能及其保障机制[J]．理论探讨，2007（4）．

[124] 王燕娟．打造"公开透明、亲民务实"的政府网站[J]．江南论坛，2012（11）．

[125] 樊兰．谷歌的云梦想[J]．互联网周刊，2008（7）．

[126] 王泽庆．全媒体时代的审美理想变迁[J]北方论丛，2011（1）．

[127] 《中国政府网站互联网影响力评估报告（2013）》评估工作组．中国政府网站互联网影响力评估报告2013[J]．电子政务，2013（11）．

[128] 于施洋，王璟璇，童楠楠，杨道玲，张勇进，王建冬．政府网站互联网影响力评价指标体系研究[J]．电子政务，2013（10）．

[129] 黄萃，夏义堃．政府网站信息服务外包的利弊分析[J]．电子政务，2014（9）．

[130] 王润理．借鉴国外经验发展我国电子政务[J]．黄河科技大学学报，2003（2）．

[131] 张文礼．合作共强：公共服务领域政府与社会组织关系的中国经验[J]．中

国行政管理，2013（6）.

[132] 曾维和.当代西方国家公共服务组织结构变革——基于服务需求复杂性的分析框架[J].经济体制改革，2013（6）.

[133] 李建兵.转型时期公共行政精神的嬗变与重塑[J].长白学刊，2004（4）.

[134] 刘宏伟，江静.儒家思想对现代领导观的启示[J].理论探讨，2005（5）.

[135] 项卫星，傅立文.金融监管中的信息与激励——对现代金融监管理论发展的一个综述[J].国际金融研究，2005（4）.

[136] 罗贤春，黄俊锋.面向政府信息公开的公共图书馆与档案馆合作机制研究[J].国家图书馆学刊，2013（5）.

[137] 于施洋，王建冬，刘合翔.基于用户体验的政府网站优化：提升搜索引擎可见性[J].电子政务，2012（8）.

[138] 欧阳剑.新网络环境下用户信息获取方式对图书馆信息组织的影响[J].中国图书馆学报，2009（6）.

[139] 汪徽志，岳泉.国内省级政府网站信息构建状况分析[J].情报科学，2006（8）.

[140] 宣云凤.论个体道德意识的特殊功能[J].江海学刊，2003（6）.

[141] 张根保，李玲，纪富义.基于成分数据动态指数平滑的用户需求变化趋势预测模型[J].统计与决策，2010（14）.

[142] 周恒星.数据权之争[J].中国企业家，2013（7）.

[143] 郑淑荣，赵培云."数字政府"信息如何公开[J].信息系统工程，2003（3）.

[144] 张明.有效政府理论及其对中国改革的启示[J].行政与法，2003（5）：14-17.

[145] 吴秀花."嵌入式"服务：政府决策信息服务新探索[J].图书馆建设，2013（3）.

[146] 毛晓燕.大数据环境下图书馆信息服务走向分析[J].图书情报知识，2014（3）.

[147] 赵明霞.大学图书馆微博热冷思考[J].图书馆杂志，2012（3）.

[148] 豆丁网.关于网站搜索引擎优化代码与关键字字数的几个话题[EB/OL].

[2015=01-14]．http://www.docin.com/p-225550205.html.

[149] 李广建，化柏林．大数据分析与情报分析关系辨析[J/OL]．中国图书馆学报 [2014-09-01]．http://www.cnki.net/kcms/doi/10.13530/j.cnki.jlis.140020.html.

[150] 沈荣华．各级政府公共服务职责划分的指导原则和改革方向 [EB/OL]．[2015-03-01]．http://www.cpaj.com.cn/news/2012313/n96.shtml.

[151] 新华网．新闻背景：政府上网工程大事回顾[EB/OL]．[2014-06-30]．http://news.xinhuanet.com/newscenter/2003-02/24/content_741590.htm.

[152] 国家信息化领导小组．国家电子政务总体框架[EB/OL]．[2014-06-30]．http://www.shuicheng.gov.cn/art/2012/3/6/art_22307_464872.html.

[153] 中国互联网络信息中心．第 35 次中国互联网络发展状况统计报告（2014年 12 月）[R/OL]．[2014-02-07]．http://www.cnnic.net.cn/hlwfzyj/hlwxzbg/hlwtjbg/201502/P020150203548852631921.pdf.

[154] 卢彬彬．20120720 网络营销讲座 PPT[EB/OL]．[2015-03-15]．http://wenku.baidu.com/link?url=tOcqG9shR3tdPTwil6SpAQ3sLJIUJ-re8sEZbg044Not6eSPXSrG22m5EMGMWeeXnoYdn9QRCGNVgaRRxRPhXk1ItOt0PO0tqMWmDPMN87G.

[155] 智凡网络．企业网络营销实操教程[EB/OL]．[2015-03-15]．http://wenku.baidu.com/link?url=b1PwOhUSBhwyJee43jUOyOG45-woddl-nO6bt7LHLmlUbJu8ZQ3fGXpxARNxF5-PpejQKkxTvuW0_dapGBSHD1vdG5DbYdGvsolgpdK4u2y.

[156] 于施洋，王建冬，童楠楠．搜索引擎传播对我国政府旅游网站服务效能的影响分析 [EB/OL]．[2014-12-31]．http://www.sic.gov.cn/News/249/3316.htm.

[157] 中国新闻网．李克强：过去一年取消下放 416 项行政审批等事项 [EB/OL]．[2014-08-22]．http://www.chinanews.com/gn/2014/03-05/5911027.shtml.

[158] 中国政府网．李克强：简政放权要啃"硬骨头"[EB/OL]．[2014-08-22]．http://www.gov.cn/xinwen/2014-08/20/content_2737652.htm.

[159] 张嵩浩．英国政府"无趣"官网为什么得大奖？[EB/OL]．[2015-03-27]．
http://www.yicai.com/news/2013/08/2956571.html.

[160] 新华网．部分政府网站不准确不实用公众满意度差[EB/OL]．[2014-07-08]．
http://news.sina.com.cn/c/2013-10-25/171428532817.shtml.

[161] 中国软件评测中心，四川省电子政务外网运营中心．2010 年度四川省政
府网站绩效评估总报告[EB/OL]．[2014-07-08]．
http://wenku.baidu.com/link?url=-7tnJDU8f9oQHpcr4G5H8hMMTQxYX86
ARzYBD4n_2tSPLO31WHdd5xIyCwvm8zW-AKQ9ezdcdPdMvpzV4RGQX
XbGdr5Qc208xQtOorb_i6K.

[162] 黑龙江日报．哈埠企业欲借"东风"抢抓市场[EB/OL]．[2014-11-17]．
http://www.e-gov.org.cn/Article/news004/2009-12-01/104715.html.

[163] 国务院办公厅．国务院办公厅关于加强政府网站建设和管理工作的意见
[EB/OL]．[2014-07-08]．
http://www.gov.cn/gongbao/content/2007/content_521577.htm.

[164] 工信部信息化推进司．国家电子政务"十二五"规划[EB/OL]．[2014-06-30]．
http://www.miit.gov.cn/n11293472/n11295327/n11297217/14562026.html,

[165] 中国软件评测中心．第十届（2011 年）中国政府网站绩效评估结果发布
会暨经验交流会在京隆重举行[EB/OL]．[2014-07-08]．
http://www.mofcom.gov.cn/article/zt_wangzhanjx/lanmuone/201112/2011120
7859445.shtml.

[166] 新华网．2013 年政府网站绩效评估结果发布 五大方面须提高[EB/OL]．
[2014-07-08]．http://news.xinhuanet.com/zgjx/2013-11/29/c_132927872.htm.

[167] 中国金融网．利用 Cookie 技术，易传媒能够实现社交媒体共享[EB/OL]．
[2014-12-3]．http://www.afinance.cn/new/smzx/201303/552275.html.

[168] 站长网．页面标记法网站分析及数据捕获原理[EB/OL]．[2015-03-15]．
http://www.admin5.com/article/20101129/293704.shtml.

[169] 赛迪网．网站分析之五——政府网站访问统计分析的意义和工具选择
[EB/OL]．[2015-03-15]．
http://blog.ccidnet.com/home.php?mod=space&uid=800162&do=blog&id=10

133616.

[170] 农业部市场与经济信息司．农业部关于加快推进农业信息化的意见 [EB/OL]．[2014-10-21]．

http://www.moa.gov.cn/zwllm/tzgg/tz/201305/t20130506_3451474.htm.

[171] 互动百科．模式[EB/OL]．[2014-10-31]．

http://www.baike.com/wiki/%E6%A8%A1%E5%BC%8F.

[172] 人民日报．中共中央关于全面深化改革若干重大问题的决定[EB/OL]．

[2014-10-23]．http://paper.people.com.cn/rmrbhwb/html/2013-11/16/content _1325398.htm.

[173] 中国政府网．组织机构_国务院_中国政府网[EB/OL]．[2014-11-4]．

http://www.gov.cn/guowuyuan/gwy_zzjg.htm.

[174] 法易网．河北省人民政府办公厅关于加强省政府门户网站建设与管理工 作的意见[EB/OL]．[2014-11-5]．http://law.148365.com/84907p2.html.

[175] 山西政府网．山西省人民政府办公厅关于印发"中国山西"政府门户网站管 理办法等四个文件的通知[EB/OL]．[2014-11-5]．

http://www.shanxigov.cn/n16/n1203/n1866/n5130/n31265/1012597.html.

[176] 中国·黑龙江[EB/OL]．[2014-11-5]．

http://www.hlj.gov.cn/test/template/dbwtd.htm.

[177] 中国政府网．国务院办公厅关于加强政府网站建设和管理工作的意见 [EB/OL]．[2014-11-8]．

http://www.gov.cn/gongbao/content/2007/content_521577.htm.

[178] 国务院办公厅．国务院办公厅关于加强政府网站建设和管理工作的意见 [EB/OL]．[2014-07-08]．

http://www.gov.cn/gongbao/content/2007/content_521577.htm.

[179] 北京参考讯．报告称：政府网站应转向"需求导向"服务模式[EB/OL]．

[2014-11-9]．http://www.bjcankao.com/index.php?m=content&c=index&a=s how&catid=148&id=27155.

[180] 珠江商报．谣言止于公开 沟通需要常态[EB/OL]．[2014-11-10].

http://epaper.sc168.com.cn/disnews.asp?Fid=45267&FlayoutId=11319.

[181] 东北网. 东北网与黑龙江省政府办公厅拓建"中国·黑龙江"网[EB/OL].
[2014-11-23]. http://heilongjiang.dbw.cn/system/2010/01/14/052308412.shtml.

[182] 商务部. I-flow 系统购买合同[EB/OL]. [2014-11-19].
http://manage.mofcom.gov.cn/article/Nocategory/200406/20040600230325.sh
tml.

[183] 财政部. 商务部电子商务和信息化司商务政策与业务信息发布系统开发
运行及内容维护中标公告[EB/OL]. [2014-11-19].
http://nfb.mof.gov.cn/mofhome/mof/xinxi/zhongyangbiaoxun/zhongbiaogong
gao/201409/t20140902_1134766.html.

[184] 政府资讯科技总监办公室. 公共服务電子化—方便快捷[EB/OL]. [2014-11-19].
http://www.csb.gov.hk/hkgcsb/doclib/showcasing_itsd_c.pdf.

[185] 曾家丽. 香港电子政府的发展：公私营机构的伙伴合作[EB/OL]. [2014-11-19].
http://www.ecdc.net.cn/newindex/chinese/page/sitemap/reports/ciapr/chinese/
03/15.htm.

[186] 中国政府公开信息整合服务平台[EB/OL]. [2012-11-17].
http://govinfo.nlc.gov.cn/.

[187] 新浪网. 评说国务院信息化办公室从诞生到被取消的必然[EB/OL].
[2014-11-15]. http://tech.sina.com.cn/s/2008-08-29/0847787219.shtml.

[188] 姚宏光. 非结构化数据智能分析的领航人[EB/OL]. [2014-11-24].
http://www.sywg.com/sywg/pdfFile.do?method=savePDFFile&id=6163567358.

[189] 古福. 大数据落地进行时[EB/OL]. [2014-11-24].
http://www.ciweek.com/article/2013/0514/A20130514559690.shtml.

[190] 5 联网. 大数据时代的特点[EB/OL]. [2014-11-24].
http://www.5lian.cn/html/2012/xueshu_0417/32237.html.

[191] 中国政府网. 国务院办公厅关于加强政府网站信息内容建设的意见
[EB/OL]. [2014-12-2].
http://www.gov.cn/zhengce/content/2014-12/01/content_9283.htm.

[192] 武汉理工大学就业指导中心. 国家信息中心网络政府研究中心[EB/OL].
[2014-12-4]. http://scc.whut.edu.cn/vjread.aspx?id=4b76cac5-b60e-4d25-bb

f8-1dbf1b61f2c7&vj.

[193] 中国政府网. 关于政府信息公开第三方评估指标的说明[EB/OL].
[2014-12-18]. http://www.gov.cn/xinwen/2014-12/10/content_2789354.htm.

[194] 珠江商报. 谣言止于公开 沟通需要常态[EB/OL]. [2014-11-10].
http://epaper.sc168.com.cn/disnews.asp?Fid=45267&FlayoutId=11319.

[195] Cherishdyl. 百度第二章. 优化指南——面向搜索引擎的网站建设[EB/OL].
[2015-03-15]. http://blog.sina.com.cn/s/blog_8ed8e47e0100u8eu.html.

[196] 中华人民共和国工业和信息部. 2012 年 9 月通信业运行状况[EB/OL].
[2014-12-23]. http://www.miit.gov.cn/n11293472/n11293832/n11294132/n1
2858447/14872278.html.

[197] 中国新闻网. 广州"阳光政府"新招：即时发布市府常务会议内容[EB/OL].
[2014-12-30]. http://www.chinanews.com/gn/2012/03-28/3778535.shtml.

[198] 腾讯网. 腾讯司晓：连接智慧民生 打造学术开放平台[EB/OL]. [2014-12-30].
http://tech.qq.com/a/20141123/007116.htm.

[199] 中国政府网. 网信办：大力推动即时通信工具政务公众账号发展[EB/OL].
[2014-01-05]. http://www.gov.cn/xinwen/2014-09/10/content_2748602.htm.

英文类

[1] West D. Digital Government: Technology and Public Sector Performance[M].
Princeton, NJ: Princeton University Press, 2005.

[2] Weisbrod BA. Toward a Theory of the Voluntary Nonprofit Sector in a Three-
Sector Economy[M]. New York: Russed Sage Foudation, 1974.

[3] Dijk J, Peters O, Ebbers W. Explaining the acceptance and use of government
Internet services: A multivariate analysis of 2006 survey data in the
Netherlands[J]. Government Information Quaterly, 2008, 25(3).

[4] Lee S, Tan X, Trimi S. Current practices of leading e-government countries[J].
Communications of the ACM archive, 2005, 48(10).

[5] Chau M, Fang X, Sheng O. What are people searching on government web

sites?[J]. Communications of the Acm, 2007, 50(4).

[6] Bertot JC, Jaeger PT. User-centered e-government: Challenges and benefits for government Web sites[J]. Government Information Quarterly, 2006, 23(2).

[7] Torres L, Pina V, Acerete B. E-government developments on delivering public services among EU cities[J]. Government Information Quarterly, 2005, 22(2).

[8] Anthopoulos LG, Siozos P, Tsoukalas IA. Applying participatory design and collaboration in digital public services for discovering and re-designing e-Government services[J]. Government Information Quarterly, 2007, 24(2).

[9] Karlsson F, Holgersson J, Söderström E, Hedström K. Exploring user participation approaches in public e-service development[J]. Government Information Quarterly, 2012, 29(2).

[10] Jaeger P. The endless wire: E-government as global phenomenon[J]. Government Information Quarterly, 2003, 20(4).

[11] Stowers G. Becoming cyberactive: State and local governments on the World Wide Web[J]. Government Information Quarterly, 1999, 16(2).

[12] Berry LL. Relationship marketing of service-growing interest[J]. Journal of the Academy of Marketing Science, 1985(2).

[13] Relyea HC. E-gov: Introduction and overview[J]. Government Information Quarterly, 2008, 19(1).

[14] Velsen L, Geest T, Hedde M, Derks W. Requirements engineering for e-Government services: A citizen-centric approach and case study[J]. Government Information Quarterly, 2009, 26(3).

[15] Huang J. E-government web site enhancement opportunities: a learning perspective[J]. The Electronic Library, 2008, 26(4).

[16] Shackleton P, Fisher J, Dawson L. E-government services in the local government context: an Australian case study[J]. Business Process Management, 2006, 12(1).

[17] Chua A, Goh D. Web 2. 0 applications in government web sites Prevalence, use and correlations with perceived web site quality[J]. Online Information

Review, 2012, 36(2).

[18] Torres L, Pina V, Acerete B. E-Government Developments on Delivering Public Services among EU Cities[J]. Government Information Quarterly, 2005, 22(2).

[19] Scott JK. Assessing the quality of municipal government websites[J]. State & Local Government Review, 2005, 37(2).

[20] Luke S. The impact of leadership and stakeholders on the success/failure of e-government service: Using the case study of e-stamping service in Hong Kong[J]. Government Information Quarterly, 2009, 26(4).

[21] Siddiquee NA. E-Government and Innovations in Service Delivery: The Malaysian Experience[J]. International Journal of Public Administration, 2008, 31(7).

[22] Huang Z. E-Government Practices at Local Levels: An Analysis Of U. S. Counties' Websites[J]. Issues in Information Systems, 2006, VII(2).

[23] Rorissa A, Demissie D. An analysis of African e-Government service websites[J]. Government Information Quarterly, 2010, 27(2).

[24] Ho AT. Reinventing local governments and the e-government initiative[J]. Public Administration Review, 2002, 62(4).

[25] Hughes M, Scott M, Golden W. The role of business process redesign in creating e-government in Ireland[J]. Business Process Management Journal, 2006, 12(1).

[26] Ebbers WE, Pieterson WJ, Noordman HN. Electronic government: Rethinking channel management strategies[J]. Government Information Quarterly, 2008, 25(2).

[27] Reddick CG, Turner M. Channel choice and public service delivery in Canada: Comparing e-government to traditional service delivery[J]. Government Information Quarterly, 2012, 29(1).

[28] Vassilakis C, Lepouras G, Halatsis C. A knowledge-based approach for developing multi-channel e-government services[J]. Electronic Commerce

Research and Applications, 2007, 6(1).

[29] Chua A, Goh D. Web 2. 0 applications in government web sites Prevalence, use and correlations with perceived web site quality[J]. Online Information Review, 2012, 36(2).

[30] Criado J, Ramilo M. An analysis of Web site orientation to the citizens in Spanish municipalities[J]. The International Journal of Public Sector Management, 2003, 16(3).

[31] Abdelsalama HM, Reddick C, Gamal S, Al-shaar A. Social media in Egyptian government websites: Presence, usage, and effectiveness[J]. Government Information Quarterly, 2013, 30(4).

[32] Jaeger P T. Assessing section 508 compliance on federal E-government web sites: A multi- method, user-centered evaluation of accessibility for persons with disabilities [J]. Government Information Quarterly, 2006, 23(2).

[33] Samuelson PA. The Pure Theory of Public Expenditure[J]. Review of Economics and Statistics, 1954, 36(4).

[34] Winer RS. A framework for customer relationship management[J]. California Management Revirew, 2001, 43(4)

[35] Heskett JL, et all. Putting the service-profit chain to work[J]. Harvard Business Review, 1994, 72(2).

[36] HOOD C. A Public Management For All Seasons[J]. Public Administration, 1991, 69(1).

[37] Denhardt JV, Denhardt RB. The New Public Service: Serving Rather than Steering [J]. Public Administration Review, 2000, 60(6).

[38] Sawhney M, Prandelli E. Communities of creation:managing distributed innovation in turbulent markets[J]. Califomia Management Review, 2000.

[39] Stoker G. The struggle to reform local government: 1970–95[J]. Public Money & Management, 1996, 16(1).

[40] Hrickoa M. Using microblogging tools for library services[J]. Journal of Library Administration, 2010(5/6).

[41] Klaassen R, Karreman J, Geest T. Deisgning Government Portal Navigation Around Citizens' Needs [A]. In:Wimmer MA, Scholl HJ, Grönlund Å, Andersen KV. Electronic Government[C]. Berlin: Springer, 2006.

[42] Farhan HR, Sanderson M. User's Satisfaction of Kuwait E-Government Portal:Organization of Information in Particular[A]. In:Janssen M, Lamersdorf W, Pries-Heje J, Rosemann M. E-Government, E-Services and Global Processes[C]. Berlin: Springer, 2010.

[43] Verma N, Mishra A, Thangamuthu P. One-Stop Source of Government Services through the National Portal of India[A]. In: Sahu GP. Delivering E-government [C]. New Delhi: GIFT Publishing, 2006.

[44] Rorissa A, Gharawi M, Demissie D. A tale of two continents: Contents of African andAsian e-government websites[A]. In: Sprague RH. Proceedings of the 43rd Annual Hawaii International Conference on System Sciences[C]. Los Alamitos: IEEE Computer Society, 2010.

[45] Sandoval-Almazan R, Gil-Garcia JR. Social media in state governments: Preliminary results about the use of Twitter in Mexico[A]. In: Scholl HJ, et al. Electronic government and electronic participation. Joint proceedings of ongoing research and projects of IFIP EGOV and IFIP ePart 2012[C]. Linz :Trauner Verlag, 2012.

[46] Fang X, Sheng O. Designing A Better Web Portal for Digital Government: A Web-mining Based Approach[J/OL]. [2014-10-16]. http://dl.acm.org/ft_gateway.cfm?id=1065320&type=pdf.

[47] The Ethiopian Ministry of Communication and Information Technology (MCIT). Executive Summary of the E-Government Strategy(2013) [R/OL]. [2014-11-24]. http://unctad. org/meetings/en/Presentation/CSTD_2013_WSIS_Ethiopia_E-Gov_Strategy. pdf.

[48] Aaron S. Government Online[R/OL]. [2012-07-10]. http://www. pewinternet. org/Reports/2010/Government-Online. aspx.

[49] Office of the Australian Information Commissioner. Issues Paper 1: Towards

an Australian Government Information Policy [R/OL]. [2014-12-26]. http://www.oaic.gov.au/images/documents/information-policy/engaging-with-you/previous-information-policy-consultations/issues-paper-1/issues_paper1_towards_australian_government_information_policy. pdf.

[50] Department of Administrative Reform and Public Grievances. Guidelines for Government Websites: An Integral Part of Central Secretariat Manual of Office Procedure[R/OL]. [2014-12-26]. http://darpg.nic.in/darpgwebsite_cms/Document/file/Guidelines_for_Government_websites.pdf.

[51] Sarantis D, Tsiakaliaris C, Lampathaki F, Charalabidis Y. A Standardization Framework for Electronic Government Service Portals[EB/OL]. [2014-07-04]. http://egif.epu.ntua.gr/LinkClick.aspx?fileticket=6IT6nCRlWwI%3D&tabid=57&mid=386&language=el-GR.

[52] United Nations Department of Economic and Social Affairs. E-Government Survey 2014:E-Government for the Future We Want[EB/OL]. [2014-07-11]. http://unpan3.un.org/egovkb/Portals/egovkb/Documents/un/2014-Survey/E-Gov_Complete_Survey-2014.pdf.

[53] Gant JP, Gant DB. Web portal functionality and State government E-service[EB/OL]. [2014-06-23]. http://www.computer.org/csdl/proceedings/hicss/2002/1435/05/14350123. pdf.

[54] British Government. The Government On-Line International Network Project on Portals[EB/OL]. [2014-10-30]. http://www.governments-online.org/documents/portals. accletter. pdf.

[55] Government Digital Service Design Principles[EB/OL]. [2014-06-12]. https://www.gov.uk/design-principles.

[56] Loosemore T. The story of GOV. UK so far, in pictures[EB/OL]. [2014-06-12]. https://gds.blog.gov.uk/2013/05/01/govuk-in-pictures/.

[57] About Canada. ca[EB/OL]. [2014-06-18]. http://www.canada.ca/en/newsite. html.

[58] Hagedorn K. The information architecture glossary[EB/OL]. [2014-07-04].

http://argus-acia.com/white_papers/ia_glossary.pdf.

[59] Mckinsey. Understanding China's Digital Consumers. [2014-07-28]. [EB/OL].
      http://www.mckinseychina.com/understanding-chinas-digital-consumers/.

[60] Internet live stats. Internet Users by Country (2014). [EB/OL]. [2014-11-27].
      http://www.internetlivestats.com/internet-users-by-country/.

[61] Kano N. Life Cycle and Creation of Attractive Quality[EB/OL]. [2014-10-25].
      http://aalhe. org/sites/default/files/KanoLifeCycleandAQCandfigures.pdf.

[62] Web Analytics Association. Web Analytics Definitions[EB/OL]. [2014-11-26].
      http://www.digitalanalyticsassociation.org/Files/PDF_standards/WebAnalytics
      Definitions.pdf.

[63] Crossey B. EMC Accelerating move to Cloud Computing Cloud Computing
      [EB/OL]. [2014-11-24]. http://www.colerainebc.gov.uk/projectkelvin/emc-cc-
      2010.pdf.

[64] Big data across the federal government[EB/OL]. [2012-10-22]. http://www.
      whitehouse.gov/sites/default/files/microsites/ostp/big_data_fact_sheet_final.
      pdf.

[65] Anderson M. Top 50 Countries: Web Analytics Adoption by Global Governments
      [EB/OL]. [2014-12-1]. http://www.e-nor.com/blog/google-analytics/top-50-
      countries-web-analytics-adoption-by-global-governments.

[66] Web Metrics/Analytics Community[EB/OL]. [2013-07-18]. http://www.
      howto.gov/communities/federal-webmanagers-council/metrics.

[67] Nielsen J. F-Shaped Pattern For Reading Web Content[EB/OL]. [2014-12-23].
      http://www.nngroup.com/articles/f-shaped-pattern-reading-web-content/.

[68] The World Bank. 2012 Information and Communications for Development
      [EB/OL]. [2014-12-23]. http://siteresources.worldbank.org/EXTINFORMAT-
      IONANDCOMMUNICATIONANDTECHNOLOGIES/Resources/IC4D-2012
      -Report.pdf.

[69] The World Bank. 2012 Information and Communications for Development
      [EB/OL]. [2014-12-23]. http://siteresources. worldbank. org/EXTINFORM-

ATIONANDCOMMUNICATIONANDTECHNOLOGIES/Resources/IC4D-2
012-Report.pdf.

[70] Honeycutt C, Herring SC. Beyond Microblogging: Conversation and
Collaboration viaTwitter[EB/OL]. [2014-12-23]. http://www.doc88.com/p-
8969039433050.html.

　　陈美，男，管理学博士，湖北工业大学经济与管理学院讲师。主要从事电子政务与政府信息资源管理等领域的教学和科研工作，主持湖北省社会科学基金、湖北省软科学项目、湖北省教育厅人文社科基金等项目。前期以第一作者身份在SSCI期刊发表论文1　篇，以独立作者身份在《中国行政管理》《图书情报工作》《情报理论与实践》等 CSSCI 期刊上发表了学术论文20余篇。